树之千面

画像 / 象征 / 传说

Les mille visages de L'ARBRE

PORTRAITS / SYMBOLES / LÉGENDES

［法］贝尔纳·博杜安（Bernard Baudouin） 著

周彬 译

树之千面

画像 / 象征 / 传说

目 录

前　言	6
树之家族	9
著名家族	12
"平行"家族	14
树之百态	19
宇宙之树	22
生命之树	22
树之象征	24
世界之轴	24
主木之树	26
树之社会	28

树之千面 —————————————————— 35

宗教之树 ——————————————— 39

树之灵魂 ——————————————— 40

杏树 41 金合欢树 41 老鼠簕 42 扁桃 42 山楂树 44 欧洲桤木 44

竹子 48 桦树 49 黄杨 50 雪松 51 樱树 52 栗树 55

橡树 56 柏树 60 云杉 62 枫树 63 桉树 64 无花果树 65

梣树 66 杜松 68 银杏 69 山毛榉 70 冬青 72 红豆杉 72

月桂 73 欧洲七叶树 74 榛树 79 胡桃树 80 油橄榄 82 榆树 84

棕榈树 85 杨树 86 松树 87 梧桐树 90 苹果树 93 李树 94

冷杉 94 柳树 96 椴树 98

非凡之树 ——————————————— 103

阿鲁维尔的橡树 104 巴林王国的生命之树 104 "少校"橡树 104

特内雷之树 106 图莱树 107 谢尔曼将军树 108

阿巴尔库柏树 108 玛士撒拉树 108 "老吉克" 110 潘多树 110

树之传说 —————————————————— 115

死亡游戏 ——————————————— 119
奇迹之树 ——————————————— 123

尾　声 —————————————————— 136

附　录 —————————————————— 138

出版后记 ————————————————— 141

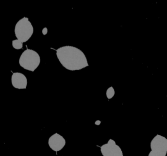

前　言

我们生活在一个神奇的世界。

在地球的各个角落，生物以各种形式萌发、生长，并成为地球上不可或缺的一部分。这些生物热情洋溢、积极旺盛，使出浑身解数向世界展示它们的力量，让本来了无生气的物质世界充满灵性。

自古以来，人类就坚信自己是地球上最有成就、最受尊敬、最值得赞誉的生命，可以凌驾于其他生命形式之上。

但是，人类在疯狂追逐梦想的过程中，在无休无止的征服中，忽略了有一种生物早在3.7亿年前就已经在地球上出现，这种生物出现的时间远远早于第一批原始人类的诞生。

这种生物比人类的存在更加显著，它们是远古传说中的英雄、是神秘莫测的图腾、是远古神话传说中的主角，它们超越了国境、种族与文化的界限。人类与自然，正是因为它们的存在而紧紧地维系在一起。

几千年以来，它们历经每一次肆虐地球的物种大灭绝依然生机勃勃，但它们从来没有"宣称"过自己是地球的主宰，而是把地球当作它们的生命之地，它们存在的唯一目的就是延续数亿人类的生命，即使被笼罩在人类文明的阴影下，它们依然为人类的生存和发展默默无私地奉献。

在这个一切都看似简单的环境中，不断地涌现出一种奇妙无比的生物，它们庞大的家族

占据着广袤无垠的土地。在这里,它们的能量之大、威严之高和生命之长均令人肃然起敬,使人无法抗拒地要与之邂逅。

此刻,请勿言,也勿动,静静地读完前言之后,你将进入一个神秘的、超越时空的、并且一直以来与人类相伴的神奇世界。

欢迎来到树的世界!

树之家族

自古以来，不分种类、生长环境、树龄高低或树体大小，树都是人类的亲密伙伴。

在人类历史中，不分种族与地域，人类都离不开树的滋养。人类生火取暖、建造房屋都会用到木材，人类的繁衍生息与树息息相关。

人类从树那里获取各种所需品。树始终是人类社会中不可取代的一部分，已经融入人类生活的方方面面。

森林树木遍布地球，放眼望去，它们或独木成林，或如同"家族"一般几十棵、几百棵甚至成千上万棵聚集在一起生长，既是一道美丽的风景，也是人类社会的一部分。

与人类一样，树也有明确可分的群落和种类，如同人类族群聚居，同一"家族"的树聚集生长在特定的纬度、地形和气候中，风雨飘摇数千年。

700万年前，地球上第一次出现人类，但3.7亿年前的泥盆纪，地球上已经生长出第一棵树[1]——古羊齿（Archaeopteris）。那时，地球上没有任何物种能与树媲美。自古以来，地球的生态系统几次发生大规模的物种灭绝，只有生命力最顽强的树种才能幸免于难，并扎根于地球的每一个角落。树为地球的水循环与生物多样性发挥了不可替代的作用。

---

[1] 据最新发现，地球上最早的树为生长在3.8亿年前的中泥盆世的瓦蒂萨属（Wattieza）。——编者注

著名家族

> 地球上现有近10万种树木，占所有现存植物种类的1/4。

"家族"一词特别适用于树。地球上现有近10万种树木，占所有现存植物种类的1/4。人们按照树的高度、树干大小、生物组织形式、树枝、光合作用中的角色以及分布地域对树进行分类。

植物学家把树分为原生树木、引种树木和驯化树木，植物社会学将树归类为植物群落或植物集群，而林业工作人员根据树种或造林用途来定义树木。

树还可以按照用途进行分类。作为一种原材料，木材因其卓越且多样化的机械和美学品质被广泛应用于人类的生产生活。

取自树干的木材可用于取暖、木工、建材；从树中可以提取出化学成分，如纤维素、单宁等；树皮可用来制作软木；树叶可喂食昆虫；果树的果实可供人类食用，或用来榨油；树的花序和分泌物（如树脂、树液）等，用途广泛；树甚至还有娱乐作用，例如用树进行景观美化，在树荫下乘凉，在森林中探险；树的生态作用也极其重要，干燥沼泽、防治水土流失、维护生物多样性都离不开树；树还可用于医疗。

人类家族中往往会有一些"异类"，树的家族也不例外，同样会有一些与众不同的异类。

目前有过官方记录的世界上最高的树是一棵19世纪末生长在澳大利亚的杏仁桉树，高达132米。据说同一家族的某棵桉树甚至长到了140米，但没有历史记载。美国加州的一棵北美红杉目前以116.07米的高度保持着现存树木的最高纪录。

提到树，我们不能不提到另一棵非凡的树，一棵生长在瑞典菲吕山（Fulufjället）上的云杉。它可能是已知的世界上现存最古老的树，其树龄可以追溯到公元前7158年。尽管这棵云杉的母树已经死亡很久，但在其植物组织内仍能探寻到长达9550年历史的遗传物质。最古老的非克隆植物（不具有克隆性的植物为非克隆植物）是一棵5067岁的狐尾松（*Pinus longaeva*），2012年在美国落基山脉被发现。

当我们计算一棵树的表面积时，得出的结果往往令人叹为观止。比如，一棵15米高的落叶树，其表面积可超过200公顷。

当被雨水浇灌时，一些树的重量会倍增。有一棵被称作"谢尔曼将军"的美国巨杉，是有记载的世界上体积最大的树，树高83.8米，树干体积可达1487立方米。

树之家族

人类家族中往往会有一些"异类",树的家族也不例外,同样会有一些与众不同的异类。

繁衍生息的树木家族与代代相传的人类家族一样伟大……

繁衍生息的树木家族与代代相传的人类家族一样伟大，值得尊重。森林遍布地球，这并非偶然。

2005年，研究人员通过一次卫星普查计算出地球的森林覆盖面积为39亿公顷，树的"个体"数量达3.04万亿棵。

但人与树的共生共存却越发凸显出一个严峻的问题：根据科学家的估算，由于人类活动，每年大约有150亿棵树消失，树木总数自人类文明产生以来下降了近46%。

"平行"家族

如同人类社会一样，在树的世界里，有官方与非官方、有笃定与信仰、有可见与不可见。我们会因树的某些非同寻常的特点而关注和欣赏它，其实这并不奇怪，须知这些特点乃是历经了数个世纪的进化才逐渐形成的。

在植物学家和科学家的定义之外，我们发现，一些外表看起来完全相同的树木原来属于若干"平行"家族，这种情况只有植物专家才能辨识和掌握。

树的宇宙中存在着可直接感知的边界，跨越这道边界，你会发现这里不仅有世俗之树，还有神圣之树；不仅有真实之树，还有想象之树；不仅有善良之树，还有邪恶之树；不仅有雄树雌树，还有雌雄同株之树；不仅有群体生长的树，还有独立生长的树。

眼下的世界，对客观世界的物质与事实的考量变得不那么重要。在这个阶段，客观世界的物质与事实让位于各种解读，这些解读或是象征与神话，或是故事与传说。一些族群、群落，甚至整个民族将这些故事代代相传了几个世纪，直至将其永久地融入本民族的集体意识和生活方式中。

每一根木材、每一棵树、每一片森林都有其独特的"个性"，按照树的种类、生长位置、范围和能量，这种"个性"在树的生长环境与人类社会的关系中，赫然呈现出一种非常特殊的意义。

树之千面

像树一样倾听大自然,没有比这更美妙的事情了。

让·沙龙,比利时植物学家

合抱之木,生于毫末。

老子,中国古代圣贤

树之家族

没有一棵树不会感受到风的力量。

阿富汗谚语

即使那棵老树在阳光下看起来已经枯萎，它知道的东西也比晨发的嫩芽多，所以告诉它你的命运吧。

多米尼克·西尔万，法国作家

最美的树源于辛勤的栽培。

伏尔泰，法国作家

树之百态

树经常莫名消失，尽管如此，它们始终存在。

它们在自己的领地里，繁衍生息了几十年、几百年甚至上千年。

树为人类提供了食物、建筑材料和取暖用的木材，在人类社会的发展中扮演着不可或缺的角色。

相比体积、重量以及果实，无所不在的树的形象具有更加重要的意义，很多时候树被提升至象征（Symbole）的地位。

人类擅长把各种事物进行组合，而"symbole"这个法语单词的希腊语词源"symbolon"的意思正是"组合"——用一种最微妙的联想，把某种具体事物与某种抽象表现"组合"在一起，从而赋予该具体事物特殊的意义，这就是象征。象征凌驾于现实之上，是对物质世界的"另类"解释。

树的永生使树不仅仅是一根木头，它由此变得神圣且神秘，充满仪式感和象征意义。树跨越了四季轮回，在几十年甚至几个世纪的更迭与流逝中，人类从树那里看到了生命的繁衍与进化，看到了树被赋予的宇宙维度。

树象征着超越死亡，象征着永生。树是人类灵性复苏的催化剂。从那时起，树承载了各种形式的神秘主义。

因此，树的每一个家族、每一个种类，都将与某种意义、某个意象、某个宇宙维度、某个神学维度、某个灵性范围、某种振动人心的光芒相关联，同时向世俗之人展示它们在表象之外真实存在的无形一面。

在这里，树与生命之力相连，象征着世界，象征着生命繁衍与永恒不朽。树是和平、宁静、活力和自由的体现，甚至是整个人类文明的体现。对有些人来说，树还是一个国家的象征，是顶礼膜拜的对象。

在古代，一些树因其超长的树龄和巨大的树干被奉为神树或宇宙的化身：凯尔特人奉橡树为神树，日耳曼人奉椴树为神树，斯堪的纳维亚人奉白蜡树为神树，在东方的伊斯兰橄榄树是神树，在西伯利亚平原落叶松与桦树是神树。

宇宙之树

从树的宇宙维度、生长范围与生命长度来看，树是永恒再生的。巍峨伟岸的树如同一个巨人，顶天立地，傲视一切，受万物景仰。

从远古时代的黎明伊始，树成为宇宙神力的体现，它就是整个宇宙。树超越了物质世界的坐标，超越了它自身的力量，成为宇宙，成为万物之本。

我记得那些在黎明时分出生的巨人，那些孕育我生命的巨人。

我知道世界之树庇护着9个世界，这是一棵智慧之树，它的根系深至地心……

我知道一棵叫“尤克特拉希尔”（Yggdrasil）的白蜡树，它矗立在乌德喷泉之上，树冠沐浴在白色的水汽之中，树叶上凝结的露珠滴入山谷。

（摘自《埃达神话诗》）

生命之树

时间流逝、斗转星移，树生生不息，象征着生命的终极形态。

在古斯堪的纳维亚神话中，生命之树尤克特拉希尔的树根通往地心，直至冥界与巨人之国。预言、魔法和战争之神奥丁在此树下豪饮智慧之源的弥米尔泉水。

古埃及人认为生命之树是植物之神，它用神之臂膀庇护着整个世界。阿提斯（Attis）化身为一棵冷杉，俄塞里斯（Osiris）则变成一棵雪松，哈索尔女神（Hathor）在无花果树上给死魂灵送去饮品和食物。

希腊人也无法摆脱对生命之树的迷恋，他们把生命之树与最著名的神祇联系在一起，如多多纳（Dodone）的宙斯神谕古橡树，德尔斐（Delphes）的阿波罗月桂树，奥林匹亚英雄赫拉克勒斯（Héraclès）的野橄榄树。

在希伯来的伊甸园中，生命之树也无处不在：

“在园子的中间又有生命树和知善恶树。有一条河从伊甸流出来，灌溉那园子，又从那里分出四条支流。”从古至今，树的伟大与高贵总让人联想起生命的本质与孕育。在古老的“树婚”仪式中，摩擦树皮预示着夫妻生育。

树之象征

树是生命繁衍生息之所，天空借助树的力量根植于大地。"树根扎入土层，不断生长延伸。树干与树枝将天空分割开来，枝叶和花朵在高处迎风摆动。树是生命在进化中最卓越的象征，年轮是生命与死亡轮回的自然写照。"

森林是人类领地与自然领地之间的过渡。人类敬畏森林，因此森林不仅是被放逐者和隐士的避难所，也是强盗土匪的隐身之处。森林是最早的占卜者向先祖祷告的神坛。基督教中，森林甚至能与大教堂相提并论。各个时代的建筑师也从树那里捕捉灵感，在建造宏伟庙宇的过程中融入树的造型。

世界之轴

这棵被誉为"世界之轴"的大树，将天空、大地、地心连接在一起。

它是宇宙的中心。这棵被誉为"世界之轴"的大树，在各种文明中表现为日耳曼人的"世界之树（Yggdrasil）"、玛雅人的木棉树（Yaxche）、中国人的"建木"[1]。它生长在宇宙的中心，支撑着苍穹。古人认为它连接着冥界与天界，它的枝干直通天界，树根则通往冥界。

"世界之轴"将天空、大地和地心连接在一起。它集水、土、气、火四种元素为一体：树液中有水，泥土通过树根融入树体，空气滋养树叶，摩擦树干可以生火。

---

1 "建木"是中国上古先民崇拜的一种圣树。传说建木是沟通天地人神的桥梁。伏羲、黄帝等众神都是通过这棵神圣的树往来于人间与天庭。——编者注

主木之树

"我的灵魂啊,你是宇宙之树,光是你长出的树根,闪电是你结下的果实。"

马里奥·梅西耶

《主木之树》

有一些树与众不同,它们是"主木之树"。

它们或生长在森林中,高大挺拔、傲视群雄;或生长在空旷的原野之上,独树一帜、绝世独立。它们是灵魂之树,是图腾之树。作为宇宙能量和大地能量之间不可分割的媒介,它们是传说中地球和人类的守护者,是超过3亿年进化的产物。

它们威严地矗立于大地之上,扎根之处,来自地心的巨大能量喷涌而出。它们与周边的所有人建立起紧密联系,为人类源源不断地提供能量。它们还拥有神秘的力量。

它们来自一个神圣的计划。它们是连接天地的通道，肩负着捍卫地球与人类的使命，它们的永生就是为了保卫人类赖以生存的环境。

它们是非凡的治愈之树，旨在重塑生命的本源；人只要靠在树身，或者缩进树洞中，就能激活生命深处的原始能量通道，为生命提供资源。

它们的树根与周围树木的树根盘根错节，若其中一棵遭到砍伐，消失的可能是一整片森林，并像多米诺骨牌一样殃及一片又一片的森林。

古人告诫说，如果主木之树消失，在其庇护之下的宇宙与地球之间原本稳定又微妙的平衡将被打破，整个地球也将因此干涸消亡。

树之社会

科学研究发现，每一棵树都能够感知周围其他树木的存在、状态以及反应。

科学研究发现，树并不是孤立生长的，相反，它们是社会化的生物，树与树之间存在非常密切的社会关系。

科学研究发现，每一棵树都能感知周围其他树木的存在、状态以及反应。树也存在记忆，它可以根据周围树木的情况，自发地调节生长和繁殖、改变花期、抵御疾害。

众所周知，蘑菇喜好生长在树木周围，与树保持着一种特殊的联系。蘑菇通过地下分支连接树的根部，为树木之间的交流发挥了重要作用。因此，树不仅会对生长环境中可能发生的变化做出个体或集体的反应，而且能够作为一个"社会群体"对自然界中的突发状况做出相应的反应。

科学研究表明，与任何植物一样，树通过名为"菌根菌丝体"的地下真菌网络相互交流。"菌根菌丝体"是生活在树根周围的土壤中的一种真菌，它既向树根周围的土壤扩展，又与寄主树的组织相通，一方面从寄主树中吸收糖类等有机物质，另一方面又从土壤中吸收养分和水分供给寄主树。"菌根菌丝体"搭建了一个类似于互联网的网络，植物学家把这个网络叫作"树联网"。通过"树联网"，树与树之间不仅可以传递养分，还能传递信息，年老的树将长期积累的对环境最有效的应激反应传递给年轻的树，这种现象在花果类树木上尤其明显。

例如，科学家们发现，当刺槐感受到动物的攻击或者自然界的威胁时，它们汁液中的化学成分会发生变化，叶子中的单宁酸含量急剧增加。这是一个典型的树木的自我防御机制，这个防御机制可以扩展至整片小树林，甚至整片森林。此现象证明树与树之间确实能进行有效的沟通。

树之百态

另一个简单的实验也证明了树与树之间存在广泛的信息交流。科学家将刺槐的树枝末端包裹在塑料袋中，模拟出一种对树的攻击威胁。实验表明，袋中的空气短时间内充满了信息素。然后科学家取下塑料袋，打开袋子将装有信息素分子的空气释放，几分钟内，气体乙烯就会被风携带至周围的树木。这种微妙的"信息"被其他树木接收，尽管这些树没有遭到攻击，但它们的叶子中的单宁含量也增加了近60%。

因此，一旦遇到威胁，树不仅会通过改变自身结构或振动排放化学物质来保护自己，还会利用气体信息警告其他生物，用以传递来自食肉动物、人类或气候威胁的报警信号。

在美国印第安部落中，人们认为树是大自然造物主的杰作，是"会说话"的树。

有些人认为，树没有神经系统所以感觉不到疼痛。其实这个观点很容易反驳，科学家证实，神经元和神经系统具有相同的结构，即树状结构。

在树下读书,其乐无穷。
我们甚至不知道我们翻的是书还是树叶。
让·沙龙,比利时植物学家

树是远与近的完美结合。
埃里克·德卢卡(Éric De Luca),意大利诗人

看着一片树叶,我就看到了整个宇宙。
维克多·雨果,法国作家

有树的风景比有人的风景更加和谐。
吉尔伯特·塞布伦(Gilbert Cesbron),法国作家

每一棵树皆是和平与希望的活象征。
旺加里·穆塔·马塔伊(Wangari Muta Maathai),肯尼亚生物学家、生态学家

德才兼备的人就像一棵结满果实、树枝紧贴地面的树。
藏族谚语

树之千面

树之千面

当人类试图探索他们存在的意义，并希望了解每个人最终的归宿时，他们意识到必须给个人的人生道路赋予意义。

人类最初的仪式与信仰因此产生，而仪式与信仰又进一步催生了宗教的出现。

之后，神话、传说以及各种光怪陆离的故事开始传播。这些神话、传说和故事超越了人与自然的维度，具备了神性。

树是人类永远的伙伴，纵使四季更迭、沧海桑田，树以它特有的方式展现它的存在，并且踏踏实实地为人类贡献它的原始作用。

人类的每一个社群、每一个族裔、每一种文明无不尊崇"树的世界"，赞美树的神奇力量，感恩树给予的馈赠，颂扬树的永恒不朽，把树奉为人类生命永恒的象征。

树之千面

古代高卢人有3大自然崇拜,其中之一便是树,他们尊重并崇拜树神。

西伯利亚的萨满人把树视为宇宙之轴,相信人可以通过树到达另外一个世界。

阿尔泰的鞑靼人相信树是上神的家园。

基督教中,《创世记》里记载了生命之树,《旧约》中记载了永恒之树,十字架也与树有关。

印度的《奥义书》记载,宇宙乃是一棵倒置的大树,树根扎向天空,树枝延伸至整个地球。伐树如同将人类驱逐出宇宙。

在古代中国,龙和凤凰栖居于生命之树,因其永生不死而备受尊崇。

古埃及人认为,伊西斯(Isis)和俄塞里斯(Osiris)"出生于"生命之树。

在伊朗,人们相信神把灵魂吹入树中。因此他们崇拜树,向树祈求健康和永生。

犹太教的神秘哲学卡巴拉(kabbale)中,思想核心为由10个质点(Sephiroth)构成的生命之树,犹太教视生命之树为上帝创世的示意图。

玛雅人认为,众神用一棵大树撑起天空,然后在地球的4个方位再分别竖起4棵树作为支撑,整个宇宙围绕着中轴的大树旋转。

印度的《奥义书》记载,宇宙乃是一棵倒置的大树,树根扎向天空。

树之灵魂

> 树的灵魂乃是受神的召唤,为世代景仰,自生命诞生以来就与天地产生了亲密而复杂的关系。

地球上的每一棵树都承载着人类的信仰、神话,以及照亮人类生活的神圣典籍。

对于怀着敬畏之心、历尽千辛万苦接近树的人来说,每一棵树的灵魂乃是受神的召唤,为世代景仰,自生命诞生以来就与天地产生了亲密而复杂的关系。

或是只言片语,或是一幅图画,或是一句谚语,或是一个符号,或是一个传说,或是一个简简单单的宗教仪式,均体现出人们对于树的热爱与虔诚,对于生命力之根的无限尊崇。

金合欢的顽强生命力和超长树龄,唤起了人类面对生命考验时的力量和勇气。

杏树（PRUNUS ARMENIACA）

一直以来，杏子被视为众神的食物，同时杏树也象征着激情和肉欲。因其可以唤起浓烈的情欲，占星师将杏树与金星联系在一起。在安达卢西亚地区，年轻女性会把鲜花和杏叶藏在裙下，这会让她们散发出无法抵挡的魅力。

> 杏树能够唤起浓烈的情欲。

杏树的药用价值极为丰富，其果实美味可口，长期食用有益健康。

在有些地方，特别是在亚洲，长寿老人中不乏长年食用杏仁者，食用杏仁与长寿之间不无关系。

金合欢树（ACACIA FARNESIANA）

金合欢树在犹太教和基督教的神话和意象中具有特别重要的地位，是永恒不朽的象征，因此成为神的权杖。

在犹太教神话中，诺亚方舟用金合欢木建造而成，上面覆盖着一层薄薄的金子。

在基督教徒眼中，金合欢树的木质坚硬，常年不腐。树身长满了刺，极为吓人。金合欢花的颜色有红有白，使人联想起牛奶和鲜血。耶稣头上的荆棘冠是用金合欢编织而成的。

在非洲和印度，金合欢象征着无尽的生死之链，寓意着丢失的古代精神，如无尽的精神追求，而这正是入教之人在奥义传授式上需要找回的。

在法兰西共和历中，牧月[1]的第14天为"金合欢日"。

在共济会，金合欢树也有强烈的象征意义，传说金合欢的树枝与所罗门圣殿的建筑师希兰有关。

金合欢的顽强生命力和超长树龄，唤起了人们面对生命考验时的力量和勇气。

在药用价值方面，金合欢具有滋补和利尿的特性，金合欢制成的一种药剂对于治疗胆结石有奇效。

目前，全世界共有1500多种金合欢树，仅在澳大利亚就有近1000种。

---

1 牧月，法兰西共和历的9月，相当于公历5月20日至6月18日。——译者注

老鼠簕（ACANTHUS）

希腊神话中，阿康特（Acanthe）是一个仙女，太阳神阿波罗想要诱拐她，但遭到了她的强烈反抗，阿波罗的脸也被她抓伤。为了惩罚她，阿波罗把她变成了一株老鼠簕。从科林斯柱式建筑到最具象征意义的灵车，都能见到老鼠簕叶形状的造型装饰被大量应用，尤其多见于中世纪的建筑及艺术设计中。

老鼠簕象征着永生不死，曾是公墓的标志。古代神话中，老鼠簕的刺代表了死亡。

扁桃（PRUNUS DULCIS）

扁桃在古代神话中占有十分重要的地位。神话中的扁桃脆弱而敏感，但生命力顽强，它能召唤大自然的重生。在许多文明中，扁桃是人类神性的体现。

古希腊人笃信扁桃拥有非凡的生命创造力，甚至认为它的果实压榨出来的汁液是宙斯的精液。

希腊神话中，菲利斯公主因为心上人——雅典英雄得摩丰不在身边而啜泣，赫拉把她化作了一棵扁桃，每当得摩丰拥抱该树的树干，此树便会满树开花，而朵朵扁桃花正是由公主的眼泪所化。

基督教认为扁桃直通上帝，上帝赋予了扁桃"无须交媾就能让处女怀孕"的能力，《圣经》中也多次提到扁桃果实所代表的性能力。

在中世纪的许多诗歌中，扁桃花被喻为贞洁之花。

在一些欧洲国家，当地人甚至相信，年轻女子如果在扁桃树下入睡并梦见爱人，也许她醒来就怀孕了。

古人很早就认识了扁桃的药性，扁桃可以驱虫、通便、镇静、润肤、利尿，也可以有效治疗肺病、百日咳、肝衰竭、咳嗽和咽痛。

扁桃仁的汁液性质温和，常用于温润和清洁皮肤，是绝佳的美容护肤品。

古希腊人认为扁桃仁压榨出来的汁液是宙斯的精液。

树之千面

山楂树（CRATAEGUS）

几千年来，山楂树一直是乐观、成长和神秘的象征。

在希腊神话中，山楂树与希腊神话中的女神迈亚（古希腊语：Maîa，意为"乳母"或"接生婆"）有关。因为人们总是在一年中的春天纪念迈亚女神，罗马人便用她的名字——拉丁文Maius命名5月，英文中的"May"（5月）也是由这位女神的名字演变而来。

在许多古代文明中，甚至在当今的一些国家，山楂树被赋予了一些神力，例如使闪电转向，保鲜肉类和奶、保护谷仓和马厩免受其他动物尤其是蛇类的侵害。

山楂果实具有重要的药用价值，山楂果实主要用于调节心血管系统。山楂果实还是一种广泛使用的解痉药，在治疗低血压、高血压、心动过速和心律失常等方面也有显著疗效。

几千年来，山楂树一直是乐观、成长和神秘宗教的象征。

欧洲桤木（ALNUS GLUTINOSA）

几千年来，民间传说中生长在沼泽边缘的欧洲桤木是恶魔之树。欧洲桤木的叶子在掉落之前为绿色，而其黄色木质暴露在空气中时会变红，燃烧时不会生烟。上述特点使它成为森林中一个异类，所以人们传说它拥有某种来自地狱的神秘力量。

在古代，欧洲桤木的树叶、嫩枝和树皮可分别用于生产绿色、棕色和红色的染料。在古希腊，欧洲桤木因与泰坦之王克洛诺斯神存在某种关联，而被视为"死亡之树"。

树之千面

竹子[1]（*BAMBUSEAE*）

在日本，几千年来竹子被视为吉祥和平之树。

竹子能唤醒灵性，净化心灵。竹枝笔直挺拔、向天而生，象征正直与完美；竹节中空代表虚心；微风中沙沙作响的竹叶是大自然的原始气息。

因其独特的文化气质与艺术表现力，竹子是绘画和书法中最为常见的表现对象。

竹子乃吉祥和平之树。

---

1 竹子为速生型草本植物，维管束散生，无年轮，并非树木。——编者注

桦树（BETULA）

桦树一般生长在寒带和温带地区，生命力极强。桦树树形美观，在森林中极为亮眼。它在许多文明中被视为纯洁、美丽和活力的象征。

桦树的寿命不长，但因其高雅出众的外观，它成为常见的观赏树种之一。

人们认为桦树可以通天，西伯利亚的萨满会爬到桦树的树枝上，与"灵界"之神通灵。萨满喜好桦树。因为蘑菇往往与桦树共生，所以蘑菇被认为是神的食物，萨满经常使用桦树上生长的毒蝇伞蘑菇制作迷幻药物。

云淡风轻之时，人会在安静的桦树林中感受到宁静淡泊，觉得人生不过尔尔，理应随遇而安。

在古代，桦树枝制成的木棍具有"驱魔"的神力，驱魔人用其为精神病患者和邪灵上身的人驱赶魔鬼并"净化"灵魂。

在德鲁伊教中，桦树为智慧之树，是7棵圣树之一，也是德鲁伊教的象征。

桦树的树枝曾被用作教师惩戒学生的戒尺。

在古罗马，中间捆有一柄斧头的束棒是古罗马高级执法官用的权杖，是权威的象征，而束棒两侧装饰着桦树枝叶。

在中世纪，桦树用于治疗伤口、溃疡和肾结石。今天，桦树的叶子、芽和树皮的提取物可以用于制作一种非常有益的精油，这种精油具有防腐、净化、利胆、利尿等功效。同时桦树的提取物也有诸多疗效，特别是对水肿、痛风、关节炎、高血压、肥胖、皮疹、动脉硬化等疾病。

桦树皮可以刺激消化，它的汁液可用于预防关节炎，它的嫩叶可以治疗痛风。

在欧洲农村，传说桦树的光辉可以让神经过敏之人恢复神志。

黄杨（BUXUS）

黄杨树四季常青，因此多被用于葬礼，象征着不朽。

在古希腊，黄杨常被供奉给统治地府的冥界之王哈得斯（Hadès）。

在古希腊及罗马，黄杨与自然女神西布莉（Cybèle）有某种关联。

西布莉是丰饶的象征，同时也是野生动物之神，尤其是狮子之神，她是自然与野性的化身。

黄杨树四季常青，因此多被用于葬礼，象征着不朽。

黄杨树的木质坚硬且紧密，象征着人类战胜生死考验的决心。

雪松（CEDRUS）

在古埃及，安葬法老前，负责处理法老遗体的祭司用雪松精油和树脂对法老的遗体进行防腐处理，将其制成木乃伊。

公元前976年，耶路撒冷的第一座圣殿所罗门圣殿开建，而建造圣殿用的木材就是产自黎巴嫩的雪松。雪松在《圣经》中频繁出现（雪松在希伯来语中写作"*erez*"）。在《古兰经》中，穆罕默德将雪松与不信教的人联系在一起。

雪松是一种针叶乔木，它广泛生长在中东、非洲以及喜马拉雅山脉等地区，尤其适合在欧洲大陆生长，树龄可达2000多岁。

雪松的树形宏伟挺拔，树冠呈圆锥塔形，木质芬芳。雪松寓意坚忍不拔的品格，同时也象征祥和与智慧。在法国的民间传统中，一对夫妻结婚49周年时，亲朋好友们会用雪松来庆祝。

黎巴嫩的国旗中有雪松图案，此处的雪松象征坚忍与和平。

某些雪松树种，如叶色呈蓝绿色的黎巴嫩雪松，高度可达50米，常作为花园和公园中的观赏树木。19世纪下半叶，阿特拉斯雪松被用于法国的旺图山、吕贝龙山和沃克吕兹省南部等地的重新造林。时至今日，这片区域已经成为西欧最大的雪松森林，平均海拔在500米到1000米之间。20世纪90年代，该地又开展了一轮新的植树造林，雪松森林覆盖面积达2万公顷。

雪松是一种珍贵的木材，用于制作木盒、珠宝盒以及各种精美的手工艺品。

雪松的药用价值极高，尤其是阿特拉斯雪松的精油。它可以促进表皮再生，还具有抗菌、消炎、愈合、收敛和减轻充血的药性。医学研究证明雪松有促进放松、利尿、促进淋巴循环、分解脂肪等药效，还可以扩张血管、刺激头皮。

雪松是一种针叶乔木，它广泛生长在中东、非洲以及喜马拉雅山脉等地区，尤其适合在欧洲大陆生长。

樱树（PRUNUS）

> 自古以来，无论是在希腊、罗马帝国、安纳托利亚、高加索地区，还是在中国，樱树都是人工种植。

樱树是一种原产于东亚的观赏用树种，果实可食用。自古以来，无论是在希腊、罗马帝国、安纳托利亚（亚洲西南部）、高加索地区，还是在中国，樱树都是人工种植。1585年，樱树因其果实美味爽口、木材品质优良被引入法国种植。国王路易十五颁布法令，鼓励民众种植樱树。

樱花馥郁芬芳，花期极其短暂，堪比昙花一现，因此樱花被视为短暂生命的象征。

樱树可分为食用樱桃果树、观赏用樱树（例如日本樱和染井吉野樱）、山樱花树（例如普贤象樱）等品种。一些樱树只有灌木大小，是装饰用樱树（例如月桂樱和黑樱），果实可用于烹饪。

樱桃的药用价值极高。樱桃富含钾，因此有利尿的特性。此外，樱桃富含维生素A、维生素C和维生素E。古希腊人用樱桃治疗痛风；中世纪，樱桃的梗用于帮助排尿，之后用于治疗关节炎。

樱桃可以改善肠道功能、缓解尿路感染、促进水分和毒素的排出，对肝脏和胃有调节作用，还可以抗氧化和抗炎。樱桃中的成分可以预防自由基损伤，因此，樱桃常被用于制作减肥茶和减肥胶囊。樱桃还能外用，可有效治疗皮肤干燥、皮肤过敏，以及延缓皮肤衰老。

在日本的婚礼上，宾客们会手捧一束樱花，祝福新人的婚姻幸福美满。

　　日本有一个古老的传说。从前有一位年轻时骁勇善战的武士，他活了很久很久，直到他的家人和朋友几乎都离开人世了，他依然健在。他最珍贵的记忆是小时候经常在一棵樱花树下玩耍。

　　后来，这棵樱花树也枯死了。为了慰藉这位年迈的武士，人们重新种植了一棵樱花树，但他还是伤心欲绝，觉得自己也走到了生命的尽头。冬天来临，这位年迈的武士希望有生之年再看老樱花树最后开一次花。他说如果这个愿望得以满足，他也会放弃生命，没有人把他的话当真。第二年，本已枯死的樱花树再次盛开之时，老武士出人意料地信守了承诺，他静静地坐在樱花树下，按照最纯粹的武士传统，切腹自尽。这棵樱花树现在依然活着，传说樱花树根曾经被老武士的鲜血浇灌，所以现在每逢老武士的忌日，这棵樱花树都会开花，而此时周围的树木仍然处于冬眠状态。

树之千面

栗树象征着活力、大气、平衡与公正。

栗树（CASTANEA）

栗树生长迅速，树高可达20米~30米，与山毛榉和橡树同属壳斗科植物。

栗树象征着活力、大气、平衡与公正。在一些人眼里，它是正义的化身。

希腊、罗马神话中，栗树是女神尼亚（Néa）的遗骸。尼亚拒绝了朱庇特的追求，朱庇特为了惩罚她，把她变成了一棵栗树。栗树的果实包裹在长满刺的壳中，让人联想起女神尼亚的不幸遭遇。

栗树的果实栗子从小亚细亚传入西方，僧侣们从黎巴嫩带回了栗树的树苗，种植在塞文山脉和布列塔尼地区，栗子最终帮助人民战胜了饥荒。栗子易于收获，营养丰富，在欧洲颇受欢迎。

栗树的锯齿状叶子像矛一样，凯尔特人从栗树叶中看到战无不胜的战士，看到人神之间、天地之间的能量平衡。

自古以来，栗树的药用价值举世公认，尤其在促进血液循环方面，栗子还有提神和滋补的作用。

栗木可以用于制作酒桶，现在主要用于拼花地板等木工制作，还可被加工成葡萄架。

橡树（QUERCUS）

橡树至高无上的神性使其在大多数文明中占有举足轻重的地位。

自古以来，橡树象征着荣耀和力量，被誉为"森林之王"。它是森林中的"长老"，树龄可达上千年。布罗塞利昂德（Brocéliande）森林中就有一棵一千多岁的橡树，它的树形雄伟，树干底部周长超过10米。因年代久远，树干上已经有相当多的褶皱和隆起。这棵巨大的橡树被当地人视为"树中族长"。

橡树的树形充满了力量感，木质坚硬，树龄长，自古以来被视为生命之树。

在早期的人类文明中，橡树被视为支撑天空的世界之轴，是天地之间沟通的工具，是不可征服的。

橡树树形挺拔、树冠宽大，常被闪电击中。橡树被赋予了一种神性，它是物质与精神的结合。在拉丁语中，"橡树"和"力量"为同一个单词"*robur*"。橡树至高无上的神性使其在大多数文明中占有举足轻重的地位。

据说亚伯拉罕是在一棵橡树下得到了耶和华的启示。希腊神话中，亚伯拉罕在伊庇鲁斯的圣所里把橡树献给了雷电之神宙斯。亚伯拉罕通过聆听树叶的沙沙声破解了宙斯的信息，他将腓利门变成了一棵千年橡树，以感谢腓利门充当了一位宝贵而忠实的中间人。在多多纳，祭司们在供奉宙斯和母神的神谕圣殿里，聆听风中飒飒作响的橡树叶，解读神谕。

古代，英勇的战士们在战斗之后被授予橡树冠。赫拉克勒斯在一棵悬挂着金羊毛[1]的橡树上，制作了他那根不可战胜的大棒。

原始雅利安人（印度－伊朗人，公元前3000年）主要生活在橡树林中，橡树在他们的日常生活中无处不在：橡树的树枝用于生火，木材用于建造房屋、独木舟和加固道路，橡子可作为食物及饲料。橡树的这些用途使其在原始雅利安人的宗教中被赋予了神性。

凯尔特人崇拜橡树，他们把橡树视为热情好客的象征，甚至把它尊为天然的圣殿。

橡树的树皮下住着仙女，因此在砍伐橡树之前，人们必须举行仪式，给仙女留出离开的时间，否则砍树人将遭受天谴，仙女会复仇。

---

1 "金羊毛"的故事来自古希腊神话和传说。佛里克索斯被神赫尔墨斯赐的金毛羊所救。为了谢神，他将羊献祭给万神之王宙斯，金羊毛则给了埃厄特斯国王。金羊毛被放在圣林中一棵橡树上，让毒龙看守。全世界都认为这金羊毛是无价之宝，许多英雄和王子都梦寐以求得到它。——译者注

对诸神来说，橡树是神物，是一种可以制造恐惧的迷信对象，所以人们在砍伐橡树前，必须举行仪式来安抚树神的愤怒情绪。

古代罗马百科全书式的作家老普林尼在他所著的《自然史》一书中记载，源自希腊语 *drûs* 的德鲁伊与橡树密切相关……德鲁伊教派人士也因此被称为"橡树的贤者"。事实上，德鲁伊教尊橡树为神树，神通过橡树向人类传达神谕。德鲁伊教教徒们举行隆重的仪式，并在一条金蛇的帮助下，采摘橡树枝上的槲寄生，对于他们来说，橡树的槲寄生是一种非凡的神圣物种。德鲁伊教教徒聚集在神圣橡树林中，橡树是他们的 7 棵圣树之一。总之，古人对于树神的崇拜、对于生殖的崇拜很大程度上起源于橡树崇拜。

中世纪，法国国王圣路易在樊尚林苑接待臣民，聆听他们的诉求，并在一棵巨大的橡树下为民众主持正义。路易与这棵橡树交谈，从中获得思想与智慧。在栋雷米-拉-皮塞勒（Domrémy-la-Pucelle），正是在"仙女橡树"下，年轻的圣女贞德第一次聆听到来自天堂的声音：她将拥有非凡的命运。橡树象征着力量和坚韧以及道德之力。闪电也是橡树的常客，橡树也因此被提升至无上之神的地位。

早在几百年以前，人们就已经知道橡树的各种疗效。橡树皮具有收敛、止血和防腐的特性。橡树还可用于治疗心绞痛、老茧、痔疮、创伤、冻伤、腹泻、遗尿、白带、消化不良、肝病，甚至肺结核。

布罗塞利昂德（Brocéliande）森林中就有一棵一千多岁的橡树，它的树形雄伟，树干底部周长超过 10 米。因年代久远，树干上已经有相当多的褶皱和隆起。这棵巨大的橡树被当地人视为"树中族长"。

柏树（CUPRESSUS）

柏树的高度可达25米，树龄可长达500年。

柏树是一种针叶树，原产于东欧，高度可达25米，树龄可长达500年。

早在2亿年前的白垩纪，柏树就已经存在，因此人们相信柏树与生命的起源息息相关。

柏树因其树龄长并且常绿常青，被公认为神树。作为体现文化和宗教实践的生命之树，柏树是生生不息的象征。

古希腊人和古罗马人相信柏树与地狱之神统治的地下世界有直接联系，在地中海盆地的许多国家，至今能经常在墓地见到柏树。希腊人将柏树供奉给冥王哈得斯，用柏树制作阵亡战士的棺木。据说古希腊神话中小爱神厄洛斯（Eros）的宝箭也是用柏木制成的。

在古代有这样的传统，女儿出生时，父母会种下一棵柏树。在女儿出嫁时，父母砍下柏树，将木材制作成家具，作为女儿的嫁妆。

古希腊传说中，猎人库帕里索斯是阿波罗的朋友，他误杀了阿波罗的鹿，于是悲伤地化成了一棵柏树，柏树也因此有了"亡灵守护者"的称号。

在西方的寓言中，柏树象征着绝望，因为柏树被砍倒之后不会再继续生长，寓意绝望的人永远失去勇气和刚毅。

在墨西哥有一个古老的传说，此传说与《圣经》中的故事如出一辙，但并

非受《圣经》的影响。传说大地上洪水暴发，一片泽国，但人类之父母科克斯科克斯（Coxcox）和索齐奎特萨尔（Xochiquetzal）提前用柏树的木材制成了木筏，他们利用木筏漂流，幸免于难，人类也因此延续至今。

柏树具有防腐的特性，长期被用于建造寺庙的主殿。

柏树药效丰富。柏树可减退副交感神经系统的活动，也可以显著刺激雌激素的分泌。柏树对血管系统的保护有奇效，特别适用于治疗静脉血管疾病。柏树还可作为血管收缩剂，用于缓解腿部沉重、静脉曲张、痔疮、失禁、退热、镇咳和解痉等，在某些治疗中，柏树还被用于镇静安神和平衡皮肤的微生态系统。

早在2亿年前的白垩纪，柏树就已经存在，因此人们相信柏树与生命的起源息息相关。

云杉（PICEA ABIES）

> 云杉一般可存活300年，通过碳-14年代测定法，有些云杉已经存活5000年，树龄最长的一棵云杉甚至已经有9550岁。

云杉是松科的一种针叶树，树高可达60米，也被称为挪威云杉。一般可存活300年，通过碳-14年代测定法，有些云杉已经存活5000年，树龄最长的一棵云杉甚至已经有9550岁。

希腊神话中，云杉被献给月亮和狩猎女神阿尔忒弥斯，她同时也是孕妇的保护者。

云杉象征着生命的诞生，因此被用作圣诞树。凯尔特人也视云杉为孕育生命之树。

云杉的木质为白色，接近冷杉的颜色，因此也经常被误认为冷杉。云杉常用于制造纸浆与制作包装。云杉的木质柔软且富有弹性，可用来制造枕木、电杆、舟车、器皿、家具等，也是造纸纤维原料的常用木材之一。云杉材质美观，可用于制作弦乐乐器。

云杉还可入药，因其防腐、芳香、祛痰、镇静、消炎和抗菌等特性而备受青睐。在云杉的药物用途中，不能不提到勃艮第树脂蒸馏法：切开树干获取树脂，从中提取松节油精华，用于制备局部软膏。

枫树（ACER）

枫树原产于欧洲山区或地中海地区，从6300万年前的第三纪开始，枫树就已经遍布地球。在希腊神话中，枫树被献给恐怖之神福波斯，福波斯是战神阿瑞斯的儿子、恐惧之神得摩斯的兄弟。荷马史诗《伊利亚特》（L'Iliade）中记载，著名的特洛伊木马正是用枫树建造的。

罗马矛由枫木制成，枫树的拉丁学名之所以为"Acer"（意为锋利），正起源于此。

德鲁伊教认为枫树是上帝的使者，上帝通过风吹动树枝发出的沙沙声传递神谕。

在梅林传奇中，梅林法师来到一棵巨大的枫树下，用杯子从巴伦顿喷泉中汲取泉水。

在中国和日本，几百年来，枫叶被视为恋人的象征。同样关于枫树与爱情的说法也可以在早期的北美移民群体中找到，这些人常常把枫叶放在床脚，据说此举不仅可以辟邪安神，还可以催情，这一传统很可能源于人们观察到鹳鸟用枫树枝筑巢。

加拿大国旗也被称为"枫叶旗"。

枫树是公园里常见的景观树种之一，一些特定品种的枫木如木质轻盈细腻的挪威槭（Acer platanoides L.）、质地坚硬的欧亚槭（Acer pseudoplatanus）等，还因其木材纹理美观、韧性高而被广泛用于雕塑、车工、木工以及橱柜、弦乐器、地板和玩具制作等。古人喜欢在饮料中加入枫叶以及其他蔬菜成分，因为枫叶有镇静安神之效。如今，枫树也被列入常用天然药品，特别是作为治疗虚弱、肺病、风湿病的药物添加成分，同时也可作为康复期的滋补品，现在市场上广泛销售的枫糖浆可谓不可多得的滋补品之一。

德鲁伊教认为枫树是上帝的使者，上帝通过风吹动树枝发出的沙沙声传递神谕。

桉树（MYRTACEAE）

桉树原产于澳大利亚，目前在欧洲、非洲、美洲和一些海洋岛国也有分布。它生长迅速，现有800多种，树高最高可达100米。古代土著人燃烧桉树叶来驱赶恶灵，因此桉树成为驱魔辟邪的象征。

对于呼吸道疾病，桉树具有强效的抗菌消炎作用，因此在塔希提岛等地被当地人称作"治疗感冒的树"。

桉树叶富含桉树醇（桉树脑），通过熏蒸、输液或煎剂等方式，桉树叶经常作为植物治疗方案用于治疗呼吸道疾病，如支气管炎、咳嗽、感冒和鼻窦炎。除此之外，桉树也用于治疗肺病、偏头痛、风湿病甚至烧伤。

桉树还被用来制作薄荷味的口香糖、糖片或糖糊，可治疗咽喉疼痛。

不同种类的桉树可提炼出不同的精油，用于各种芳香疗法：

柠檬桉，用于治疗关节炎、腱炎、瘙痒；

薄荷桉，用于治疗呼吸道疾病；

澳洲桉，用于治疗皮肤疾病；

多苞叶桉，用于防治寄生虫病。这种桉树在日常生活中应用广泛：其树叶气味芳香，用其摩擦皮肤，可以驱蚊驱跳蚤；将桉树叶放入沸水中煮片刻，将煮好的水连同树叶盛入容器中，然后置于房间内，可清除房间异味，杀菌消毒。

在沼泽地种植桉树可以使沼泽干涸。因为桉树的根系发达，而桉树又极为喜水，一株桉树简直就是一套高性能的排水系统。

古代土著人用桉树燃烧树叶来驱赶恶灵，桉树也因此成为驱魔辟邪的象征。

无花果树（FICUS CARICA）

无花果树原产于地中海盆地，生长迅速，对生长环境要求不高，现中亚地区有大量分布。早在数千年以前，人类就开始种植无花果树以获取其果实。一株无花果树一年可产出近100公斤的无花果果实，因此无花果树是人类早期重要的食物来源之一。通过对约旦河谷的一些无花果树的科学测定，人类对无花果树的驯化可以追溯到公元前12千纪，即新石器时代初始。

在流传下来的美索不达米亚和古埃及的古画中，曾发现过无花果树。此外，《圣经》以及公元前3世纪的哲学家泰奥弗拉斯特的著作《植物史》中也多次提及无花果树。

无花果树作为一种财富和生命的象征，频繁地出现在古代文明的传说和故事中。

在印度教教义中，众生在无花果树下迎接毗湿奴，并献上无花果供奉他。

奥德修斯乘着木筏在墨西拿海峡上游荡时，正是抓住一棵无花果树躲开了海怪卡律布狄斯（Charybde）。

希腊人把无花果树视为狄俄尼索斯之树。

无花果树通常象征着慷慨与富足，然而在犹太教的传统中，无花果树却是一种不祥之树，当其枯萎时，会变成一棵害人之树。因此，无花果树被赋予了"不认识弥赛亚，不再结出果实"的犹太教的象征。

罗马帝国奥古斯都统治时期的著名诗人贺拉斯称，无花果树因鹅肝得名，原因是曾经有一个养鹅人给鹅喂食无花果，结果产出了高质量的鹅肝。

在印欧传统中，无花果树被提升至拥有不朽生命力的神圣高度，因此经常出现在生育仪式当中。

无花果的药物用途也可追溯到古代。希西家（Ezéchias）详细描述了无花果药膏的康复功效。希波克拉底在《女性疾病》(Des maladies des femmes)一书中也阐述了无花果树的种种医学用途。迪奥斯科里德斯（Dioscorides）也提到了无花果树的医学用途，凯尔苏斯在他的《医术》中也曾提及无花果树。中世纪时，许多药物都是由无花果汁制成。19世纪，人们发现，无花果汁液，像其他胶乳（生橡胶、三叶橡胶）一样，也能消化蛋白类物质。无花果汁液也可用作着色剂的植物黏合剂。无花果树还可用于治疗肺病、咳嗽、血液循环障碍、痔疮、静脉曲张和疣等。此外，无花果树还可用作泻药。

梣树（FRAXINUS）

梣树最早出现于第三纪（约7000万到400万年前）时期的北极附近。大约有60个树种，现主要生长在北半球温带森林中。

梣树的木质坚硬，自古以来被看作是力量和权力的象征。古代常用于制作士兵的武器，如矛、标枪和箭等。

按照维京以及斯堪的纳维亚的古老传统，梣树那坚硬和终年常绿的特性使其成为永生不死的象征。它被视为天界、地界与冥界的联结，是这三个宇宙维度之间的媒介。

在古希腊，梣树被视为海神波塞冬之树。

日耳曼人用一个卢恩字母[1]给梣树命名，尊其成为圣树，即"世界之树"，梣树的影子让宇宙得以发展，所有生命也都源自梣树。

凯尔特人认为梣树是"德鲁伊树木字母表"[2]的第3棵树，象征重生和水生繁殖。梣树既体现了水一般的力量，也体现了骏马一样的速度。德鲁伊将梣树奉为"尤克特拉希尔"的信使，尊其为万木之圣。梣树是德鲁伊力量的象征，大德鲁伊手中著名的黄金权杖就是由梣木制成，黄金权杖上镌刻着由风传达的奥丁神圣符文。

基督教传播到爱尔兰、布列塔尼和康沃尔郡之后，基督教徒开始焚烧梣树，以此宣称基督教战胜了德鲁伊教。

---

1 卢恩字母（Runes），又称为"如尼字母"或"北欧字母"，是一类已灭绝的字母，在中世纪的欧洲用来书写某些北欧日耳曼语族的语言，通用于斯堪的纳维亚半岛与不列颠群岛。——译者注
2 德鲁伊教常用树种及历史上的神圣文字，即欧瓦姆字母（Ogham），把字母名称改为树木名称，因此又名"凯尔特语树历"。其中梣树（或称白蜡树）位列第3，时间起止为2月18日至3月17日。——译者注

在北欧国家，人们仍然把梣树视为生育之树和女性之树。据说，一个女人如果把护身符挂在梣树的树枝上，她的爱人会因此心跳加快。

梣树的木质坚硬，可制作铲、镐、斧头等工具的柄，也可制作坚固耐用的拼花地板。

在植物疗法中，梣树被用来制作药茶，如著名的法国"百年药茶"。这种茶不仅可以延年益寿，还可有效治疗关节痛、痛风等疾病。

梣树的树液里富含光合作用中形成的糖，在一些地区被当作绝佳的补品，儿童、康复期患者和孕妇长期饮用，可增强体质。

北美五大湖区的索尔托族，是一个生活在加拿大安大略省、马尼托巴省和萨斯喀彻温省的美洲印第安部落，他们习惯食用去掉苦味的梣树树皮。

一些部落则常将枫树、黄桦树与梣树的树汁混合，或稀释成糖浆饮用。

某些种类的梣树树胶被制成用来增加食物甜味的食用添加剂，甚至可以直接当作儿童的零食。在欧洲，梣树长期被用于治疗新生儿脐疝，或是制成解毒剂用于治疗爬行动物咬伤。即使在今天，梣树仍然具有显著的抗风湿和利尿作用。梣树炮制成的药酒，外敷内服皆可。梣树树皮对于治疗痛经和风湿病也有显著疗效。

> 在北欧国家，人们仍然把梣树视为生育之树和女性之树。

杜松（JUNIPERUS）

杜松的叶子呈条状刺形，看起来像是在小心地保护它的果实，因此，杜松也象征着贞洁。此外，由于杜松可以抵抗蠕虫的侵害，所以杜松被视为永恒的象征。

关于杜松的记载可以追溯到最古老的文献。在古希腊神话中，美狄亚用杜松制成的药剂将龙催眠，帮助伊阿宋窃取了著名的金羊毛。古罗马也崇尚杜松，老普林尼曾写道，西班牙的戴安娜神庙采用杜松木梁建造，历经数个世纪，杜松木梁依然坚固。

从遥远的古埃及起，人们就已经知道杜松子对人体有诸多益处。杜松子可治疗关节炎、痛风以及风湿性疾病，常用方法是在泡浴时加入杜松子粉。

杜松子还可制成糖浆，专门用于幼儿的补益、祛痰。

近期研究发现，杜松子对于治疗糖尿病有显著疗效。杜松子也可健胃，促进消化。

杜松也常用于烹饪，它的嫩芽可搭配沙拉食用，也可晒干制茶或作为烹制野味的佐料，用来中和野禽肉中的腥味。

啤酒的酿制过程中也常加入杜松子，美洲印第安人酿酒就经常加入杜松子。杜松子是许多泡菜食谱中必不可少的佐料之一。

从遥远的古埃及起，人们就已经知道杜松子对人体有诸多益处。

在一些人眼中,银杏才是地球的"万树之王"。

银杏(*GINKGO BILOBA*)

银杏原产于中国,属银杏科,是世界上现存最古老的树种之一,距今约2.7亿年。因此,在一些人眼中,银杏才是地球的"万树之王"。

银杏的树高可达30米,具有极强的抵抗力,树龄可长达1000多年。银杏的新陈代谢十分特殊,因此它是1945年广岛原子弹爆炸后当地幸存的少数植物物种之一。

银杏有"千年之树"的美称。深秋时节,金黄色的银杏叶纷纷落下,地上好似铺了一层黄金地毯。

在日本,银杏又被称为"公孙树",因为种下银杏树后,须经过一两代人才能收获银杏果,所以银杏是血脉传承和永生不死的象征。

随着树龄的增长,银杏的树干会容易长出"垂乳",人们会小心翼翼地将其切掉,以促进树乳的分泌。

山毛榉（FAGUS SYLVATICA）

山毛榉一般高达40米左右，平均寿命为300年，有些山毛榉的寿命甚至可以超过1000年。人们已经发掘出上新世时期（距今530万年~距今258.8万年）的山毛榉叶化石。一万年前最后一次冰河时代结束之后，山毛榉开始在欧洲广泛分布。

法国有近9%的树木是山毛榉，山毛榉现已成为法国的第3大常见树木，仅次于橡树和欧洲赤松，目前总共培育出了40多个山毛榉观赏品种。作为一种景观树，山毛榉集诸多美好意象于一体，如信任、忍耐、温和、活力、优雅、快乐、阴柔、宁静、繁荣和功成名就等。

在最古老的文明中，山毛榉通常与女神相关。希腊人视山毛榉为创造世界的女神欧律诺墨，罗马人把山毛榉当作罗马神话中的天后朱诺的化身，凯尔特人则视其为凯尔特神话中的女神贝丽萨玛（Belisama）[1]。此外，爱尔兰德鲁伊教认为山毛榉象征书本知识。

---

[1] 在凯尔特多神教中，贝丽萨玛是高卢和不列颠地区供奉的女神。她与湖泊、河流、火、工艺品及光明有关。——编者注

树之千面

山毛榉集诸多美好意象于一体,如信任、忍耐、温和、活力、优雅、快乐、阴柔、宁静、繁荣和功成名就等。

山毛榉的木质坚硬且均匀,常用于制作屠夫的砧板,也可用来制作玩具、椅腿、衣夹、家具和地板等。山毛榉是重要的造纸纤维原料。山毛榉还可用于制作牙签,它的干叶被用来填充床垫。山毛榉也是熏制猪肉和牛肉的最佳木材之一。

山毛榉煤长期以来被用于炼钢。其木材可用于蒸馏提取焦油,还可以提取木焦油醇,用于制作伤口消毒剂和治疗蛀牙。

自古以来,人们发现山毛榉有许多药用价值,其树皮、树枝和叶子具有收敛的作用,并且根据不同的病情,还可用于退烧和利尿。在治疗发烧、风湿、疟疾和肠道寄生虫等疾病时,山毛榉可作为补充治疗的药物。此外还可用于治疗皮肤病和结核病。

山毛榉的汤剂或粉剂,可用于治疗痛风、风湿病、水肿和皮肤病等。

冬青（ILEX AQUIFOLIUM）

关于冬青，最新的一则轶闻是，哈利·波特的魔杖由冬青木制作而成。

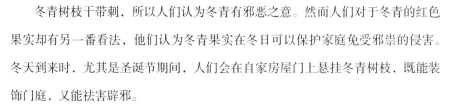

众所周知，冬青是矮小的常绿乔木，也是欧洲常见的灌木，果实成熟时呈深红色。

冬青树在冬天成熟，所以被世人视为生命之树。

冬青树枝干带刺，所以人们认为冬青有邪恶之意。然而人们对于冬青的红色果实却有另一番看法，他们认为冬青果实在冬日可以保护家庭免受邪祟的侵害。冬天到来时，尤其是圣诞节期间，人们会在自家房屋门上悬挂冬青树枝，既能装饰门庭，又能祛害辟邪。

冬青果实富含可可碱，毒性很大。冬青叶可用于治疗风湿病和慢性支气管炎。过去在法国农村，人们把冬青的叶子碾碎，制成药膏，用于退烧、利尿，这种药膏很受欢迎。

有一个古老的传统，人们采集冬青果实，通过发酵和蒸馏，生产白酒。

冬青木材稀少，所以一般只用于模型制作，细木镶嵌和车工也会用到冬青木。此外，白色棋子一般采用冬青木制作。

关于冬青，最新的一则轶闻是，哈利·波特的魔杖由冬青木制作而成。

红豆杉（TAXUS BACCATA）

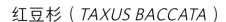

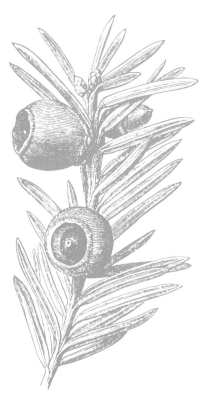

红豆杉原产于欧洲、小亚细亚和北非，树高可达25米，寿命极长。人们在韦尔东峡谷和诺曼底发现了树龄已经超过1000年的红豆杉。

红豆杉的木质结实、不易腐烂，且韧性十足，一直以来被广泛使用。史前人类曾提取红豆杉的毒汁制作毒药。

此后，希腊人和高卢人用红豆杉木制作弓箭，并在箭的顶端涂上红豆杉树液，他们还用红豆杉木制作矛和盾牌。中世纪，弓和弩也是由红豆杉木制作而成，14世纪的克雷西战役中，一种红豆杉木制成的英式长弓发挥了决定性的作用。此外，红豆杉还被用来制作狼牙棒和狼牙链锤。

红豆杉也一直深受宗教人士的青睐，一些教徒在红豆杉木上镌刻符文，德鲁伊教教徒砍下红豆杉木作为权杖。爱尔兰神话中，红豆杉是5棵圣树之一。

凯尔特人崇拜红豆杉，认为它超长的树龄和顽强的生命力象征着永恒不朽和生命的延续，所以红豆杉往往与死亡和重生联系在一起，现在仍然是常见的墓地绿植。

橙色和红色的红豆杉木尤其受人青睐，常用于制作家具橱柜和弦乐乐器。红豆杉的木心与边材之间对比鲜明，是绝佳的车削和雕刻材质。

红豆杉的汁液和果实有毒，以至于如果需要保护以红豆杉为食的动物，必须砍伐整片红豆杉树林。

红豆杉具有利尿和收敛的作用，还可用于治疗心脏痉挛。

月桂（LAURUS NOBILIS）

古希腊神话中，月桂是阿波罗的象征。阿波罗爱上了女神达佛涅，疯狂地追求她，达佛涅一路逃至父亲河神珀纽斯的河边，请求父亲改变她的外形，以躲避阿波罗。珀纽斯应允了女儿的要求，把她变成了一棵月桂树。痛失心爱之人的阿波罗痴心不改，抱着月桂树亲吻哭泣，宣布从此日起，月桂树为他的圣树，月桂亦成为胜利的象征。

古希腊和古罗马时代，人们会把桂冠授予体育比赛的获胜者或诗人，后来又授予中世纪的科学家。因此，法语中"Baccalauréat（中学毕业会考）"这个词也与月桂树有关，因为它的拉丁语词源是"*bacca laurea*"，意为"月桂湾"。

在古希腊，德尔斐神庙的皮媞亚女神在聆听阿波罗的神谕前会咀嚼月桂叶。在古罗马，人们则将月桂树献给众神之神朱庇特。月桂四季常青，即便在寒冬亦是如此，所以中国人自古以来就笃信月桂代表永恒不朽。

基督教也认为月桂是常青之木，象征着永恒。因为它的叶子永远不会枯萎，所以也象征着贞洁。

文艺复兴时期，月桂成为胜利女神的象征。胜利女神长着一对翅膀，从天徜徉而下，为每位获胜者戴上一个月桂花环。人名"Laur"即源于这个故事，该人名含义为"胜利"。

月桂茶可以治疗腹部痉挛。月桂油还可用于制作肥皂，著名的叙利亚阿勒颇古皂就用月桂的果实和叶子提炼制成。

月桂叶香气浓郁，可作为各式料理的基本香料之一，还可作为拌菜点缀菜肴。

月桂树为阿波罗的圣树，月桂亦成为胜利的象征。

欧洲七叶树（AESCULUS HIPPOCASTANUM）

欧洲七叶树原产于马其顿山区，自古以来就被视为益树。在欧洲和北美，欧洲七叶树在路边、街道或公园随处可见。从1870年开始，巴黎80%的城市绿化树木为欧洲七叶树。

欧洲七叶树最高可达30米，树龄可超百年。法国康塔尔省韦扎克镇一家酒店的花园里有一棵种植于1606年的欧洲七叶树，树龄已达400多年。

欧洲七叶树的木材可用于制作家具和造纸。

欧洲七叶树的树皮富含单宁酸和类黄酮，其花朵和果实都可以制成药剂，用于治疗肺部疾病。从七叶树中提取出的β-七叶皂苷钠可用于治疗静脉功能不全。另外它含有维生素P活性成分，具有抗出血的功能，对治疗糖尿病有显著效果。

在英国，有一种名为"斗七叶树栗（Conkers）"的游戏，双方各自持有一根末端串有七叶树栗的绳子，互相击打对方的七叶树栗，直到其中一方的七叶树栗被完全击碎为止。

在瑞士日内瓦，有一棵被当地民众尊为"公共之树"的欧洲七叶树。对于他们来说，这棵欧洲七叶树长出的第一个树芽，意味着春天的到来。

欧洲七叶树自古以来就被视为益树。

树之千面

树之千面

榛树（CORYLUS）

榛树是一种古老的野生树种，最早可以追溯到新石器时代。法语中，"noisetier"（榛树）也称"coudrier"，是早在7000万年前的中生代就已经存在的古老物种之一。

自古以来，世人就崇拜榛树，笃信榛树拥有超越时间维度的神性。不同的地区和文明，都不约而同地把榛树视为智慧、知识与经验的象征，人们相信榛树拥有神秘的力量。比如，人在榛树下入睡，会在梦中听见预言，因此人们会用榛树木棍来测定地下水源的位置。

在《牧歌》（*Bucoliques*）一书中，维吉尔写道："榛树和河流见证了达佛涅之死给女神带来的无尽痛苦。"

在凯尔特神话中，榛树是德鲁伊教的7棵圣树之一，是科学之源的守护者，负责传授德鲁伊教奥义的独角兽和仙女就藏在榛树的树枝里。德鲁伊教教徒和吟游诗人念咒语时，会同时挥舞榛木制作的魔杖。有一个延续了几百年的传说，女巫们的扫帚柄正是由榛木制作而成的。

在中世纪关于英格兰部落的勇士特里斯坦和爱尔兰公主伊索尔德的爱情故事中，榛树也是一个重要的元素，金银花环绕的榛树枝象征了特里斯坦和伊索尔德的爱情。

在法国西北部有一个古老的习俗，在新婚夫妇的床下放置榛子，寓意早生贵子。

榛木常被用于制作篮子，而其果实榛子在许多国家是常见的食品。

榛树的药用价值极其丰富。它的树皮、花序、叶子和果实有净化、利尿、止血、收敛、愈合和退热等疗效，还有助于治疗皮肤病、尿结石、衰老、溃疡和静脉曲张，驱除肠道寄生虫，平衡糖尿病患者的饮食。

榛树还可用于制作美容产品。

> 人们相信榛树拥有神秘的力量，比如，人在榛树下入睡，会在梦中听见预言。

胡桃树（JUGLANS）

> 传说胡桃树是女巫的栖身之处，清晨弥漫在胡桃树周围的薄雾是她们在乡间漫步时留下的痕迹。

自古以来，人们就知道胡桃树能抑制其周边其他植物的生长，这是由于胡桃树分泌胡桃醌，一种萘醌类化合物。胡桃醌在土壤中水解氧化后会产生毒性，从而抑制胡桃树附近其他植被的萌发和生长。

古时候，人们迷信不可以躺在胡桃树下睡觉，否则醒来会感到恶心头痛，最恐怖的是会被魔鬼附身。传说胡桃树是女巫的栖身之处，清晨弥漫在胡桃树周围的薄雾是她们在乡间漫步时留下的痕迹。因此，在胡桃树的树干上雕刻圣母雕像曾经一度遭到禁止。

在古希腊神话中，酒神狄俄尼索斯将戴恩国王最小的女儿卡律亚（Karya，在古希腊语中她的名字意为"胡桃"）变成了胡桃。

高卢人认为，胡桃树是孤独之树，因为它的周围没有其他植物生长。按照基督教的传统，人们在圣约翰节前夕采摘胡桃树枝，挂在家中以保护房屋免遭闪电侵袭。

古代，教堂举行婚礼时，新婚夫妇会被赠予一颗胡桃。胡桃仁形似两个紧密相连的大脑，象征着爱人对彼此的依恋。

在苏格兰有一个古老的习俗，新婚夫妇往燃烧的壁炉里投入两颗胡桃，人们可以从胡桃燃烧的方式和壁炉里的火势，预测这对新人的婚姻走向。

由于胡桃仁的形状类似人的左右半脑，所以胡桃树也象征着智慧。

自中世纪以来，因其果实、木材、树皮和树叶皆可用，胡桃树一直受人喜爱，尤其是在农村。若是胡桃的收成好，通常被当作一个好兆头，预示下一年小麦的收成好。

在许多国家，农民常穿着由胡桃木制成的木屐，这种木屐极其坚固耐用。

过去，人们把胡桃核嚼成糊状，涂抹在头皮上，以促进头发再生。现在，胡桃核主要用于制油和制染料，胡桃木多用于制作橱柜。

树之千面

油橄榄树（OLEA EUROPAEA）

百年橄榄尚年少。

油橄榄树的平均寿命一般超过橡树，油橄榄树的树干曲折，树叶呈银色，被誉为千年之树。油橄榄树往往生长在干旱区域，尤其是地中海周边的国家和地区。法国普罗旺斯有句谚语：百年橄榄尚年少。

老普林尼在其著作中曾提到一棵1600年树龄的油橄榄树。据称耶路撒冷客西马尼园的几棵油橄榄树可以追溯到耶稣时代。克里特岛的一棵油橄榄树，经测定已经生长了2000多年，克罗地亚的一棵油橄榄树也有将近1600年的树龄。一棵矗立在黎巴嫩的查克拉村的名为"波斯之树"的橄榄树，据称已有2700年树龄。

自远古时代以来，油橄榄树承载了非凡的意义，它是力量、和平、富饶、长寿、纯洁、胜利和福报的象征。

在古希腊神话中，油橄榄树被献给女神雅典娜，油橄榄树遂成为雅典的象征。传说女神雅典娜和海神波塞冬为争做雅典的保护神在阿提卡比赛，国王刻克洛普斯充当裁决。波塞冬将自己的三叉戟插进卫城山，大地随之涌出了泉水；但雅典娜却让土地长出了油橄榄树，人民采摘油橄榄果获取食物，并用它医治疾病。刻克洛普斯认为油橄榄树对人民更有益处，裁定雅典属于雅典娜，因此雅典娜成为雅典的保护神。

据《圣经·创世记》记载：上帝因世人行恶，降洪水灭世。40天后，洪水退落，诺亚放出鸽子探测洪水是否退去。鸽子口衔一枝橄榄叶飞回，表示洪水已退去，人类与自然又重获生机。从此，人们便把鸽子和橄榄枝当作和平的象征。此外，据说基督教的十字架是由雪松、橄榄、柏树和棕榈等木材搭配制作而成的。

在犹太教和基督教的仪式中，橄榄油象征和平、和解、祈祷与祭祀，常用于圣礼中的涂油礼。

伊斯兰教的《古兰经》多次提及油橄榄树，油橄榄树的果实与无花果一道被奉为"在天国才能食用的果实"。橄榄油的纯净可指引人们寻找生命的真谛。

在中世纪，油橄榄树常被视为爱情的象征，其纯度可与黄金媲美。在现代，联合国旗帜上的图案是两根橄榄枝衬托着整个地球，寓意世界和平。

橄榄是油橄榄树的果实，味极苦、不能生食，但可加工成糖果、调味品，或者压榨成橄榄油，是绝佳的菜肴烹饪用油。

人们很早就发现橄榄油有利胆和通便的作用，它富含维生素A、维生素E以及单不饱和脂肪酸，可有效抗胆固醇。橄榄油也是著名的"克里特岛饮食"的基础配方，该饮食方案常被推荐用于预防心血管疾病和增强身体的抗氧化能力。

油橄榄本身也是一种非常珍贵的药用植物，它的叶子具有利尿、降血压、扩张血管和抗糖尿病的作用。

著名的叙利亚阿勒颇香皂和法国马赛皂的制备成分中包含橄榄油，可有效清洁和保护皮肤。

树之千面

榆树（ULMUS）

在古代，人们通常用榆树供奉酒神巴克斯。

一直以来，人们相信榆树拥有一种超自然力量，它被赋予了某种光环，拥有不可言述的权威。因此古代许多国王、统治者和法官经常在榆树底下秉公断案。

在古代，人们通常用榆树供奉酒神巴克斯，既因为榆树常用于支撑葡萄藤，也因为它是酒神和葡萄树祭祀仪式的重要元素。

传说在遥远的古代，山林水泽的仙女们在英勇战死的英雄的墓旁种下榆树，因而榆树象征着战争与暴力。榆树也被献予梦与夜之神奥涅伊洛斯，他是睡眠之神许普诺斯的儿子。据说，终极审判时，榆树的果实会一直伴随死者的灵魂。自古以来，榆树被用于治疗各种皮肤疾病，如麻风病。在农村，人们常用榆树皮来配制缓解风湿疼痛的药物。

过去，榆树叶直接用于伤口止血。今天，从榆树提取的药物被用于治疗疥疮、湿疹和皮肤病等，还可缓解秃顶。

中世纪，在法国索姆地区的一个村庄中，3棵百年树龄的榆树在一场恐怖瘟疫中幸存。榆树从此成为不屈不挠的生命的象征，鼓舞着人类战胜磨难

树之千面

棕榈（ARECACEAE）

棕榈是最古老的植物物种之一，其化石最早可以追溯到1.2亿年前的白垩纪。

一提起棕榈，人们会不由自主地联想到炎热的沙漠、美丽的海边和广阔的热带地区。棕榈适应性强，从撒哈拉绿洲、亚热带气候的沼泽和红树林、赤道森林，到海拔4000米以上的安第斯山脉都有它的身影。在植物学家看来，棕榈并不是真正的树，而是一种"巨大的草本植物"，因为它没有形成真正的木质组织。但在古人眼中，棕榈是树，并且棕榈承载了许多与太阳有关的神话。棕榈象征着荣耀、不朽、牺牲和战胜死亡。棕榈还是生育的象征，甚至也被列入生命之树的行列。

在古代，棕榈枝作为胜利的神圣象征，被授予体育竞赛的获胜者。

古罗马人相信棕榈预示着好运。在古罗马神话中，女祭司瑞亚·西尔维亚与战神玛斯结合之后，在梦中见到她的两个孩子似两株燃烧的棕榈升入天堂，后来她生下了洛摩罗斯和瑞摩斯，兄弟俩长大后成为罗马的城市奠基者。

基督教的圣十字架由棕榈、雪松、橄榄和柏树等多种木材制作而成。

几千年来，棕榈科植物的果实，无论是椰子还是椰枣，在进化过程中都为人类提供了丰富的食物来源。棕榈全身都是宝，可以制糖、棕榈酒、棕榈油、椰干、西米等。

棕榈还具有药用价值。槟榔是一种热门的咀嚼食物，富含多种类似尼古丁的微量元素。

棕榈树是最古老的植物物种之一，其化石最早可以追溯到1.2亿年前的白垩纪。

杨树（POPULUS）

杨树的法语单词"peuplier"，源自拉丁语的"populus"和古法语的"poplier"，"populus"和"poplier"的含义都是"人民"，因此杨树的法语单词"peuplier"也与"人民"有关，或者说与"人"有关。"peuplier"也可表示坚韧不拔，无论长得多高，杨树也不弯曲（"peuplier"可以拆分成"peu plier"，意为不弯曲）。在古代，杨树被喻为"人民之树"，因此在涉及重要决策的制定时，人们通常会在杨树底下集会共商决议。

在古代，杨树被赋予了特殊的光环。在古希腊神话中，当大力神赫拉克勒斯打败守卫地狱大门的恶犬刻耳柏洛斯，返回人间时，他头戴细杨树枝做成的树冠。杨树不断伸展，人可以通过杨树到达超越生死、灵魂永恒的"另一个世界"。

冥王哈得斯爱上了海洋女神琉刻，疯狂追求她。琉刻为了躲避哈得斯，化身为记忆之河旁边的一株白杨树。杨树的双重颜色（黑杨和白杨）代表了阴阳两界，从而受到人们的顶礼膜拜。古罗马的著名博物作家老普林尼曾提到，古罗马人用黑杨树盖住死者。

杨树有滋补、祛痰、退热、利尿、杀菌、止血等药用特性，其提取物还可用于治疗痔疮、泌尿疾病、食物中毒、肺病、关节痛、关节皲裂和风湿病等。美洲印第安人用杨树的树脂治疗皮肤病。

在古代，杨树被喻为"人民之树"，因此在涉及重要决策的制定时，人们通常会在杨树下集会共商决议。

松树（PINUS）

松树为树脂树，种类超过100种，其中有12种松树树龄可长达千年，有2种甚至可长达5000年。松树的超长树龄使其成为研究树木年代学以及古代气候的重要样本。

松树属常青树木，叶子为针状，树脂不易腐烂，松树的这些特性奠定了它在人们心目中的地位——松树代表永恒与不朽。在欧洲，松树常分布在海岸附近，所以古希腊时期，松树被视为"海神波塞冬之树"。当时，科林斯地峡的古希腊城市之间会在每届古希腊奥林匹克运动会之后的第1年和第3年举行"地峡运动会"，以纪念海神波塞冬，获胜者被授予松冠。在众多传统节日和庆祝活动中，松树是必不可少的元素，它象征完美、和平与奇迹。

古希腊神话中，保护牧人和猎人的牧神潘追求仙女庇堤斯，庇堤斯为了躲避他，化成了一棵黑松。在宗教秘传中，尤其是在入教之人眼中，松树会"说话"。每束松树叶的叶序恰好符合斐波那契数列的规律，完美符合黄金分割率。

松树的树冠直指天空，曾被当作典范，寓意人类在神明的引导下，在无尽的梦中飞向遥远的星空。

现在，松木常用于船只制造，用来密封外壳的嵌缝材料也提取自松树脂。

松树还可用于酿酒，松树的提取物作为添加物用于保存葡萄酒，同时可增加酒的醇香。

松树的超长树龄使其成为树木年代学以及古代气候研究的重要样本。

梧桐树（*PLATANUS*）

梧桐树主要分布于北半球的亚热带温带地区，树形高大魁梧，冠径可达60米。

在足够潮湿的土壤环境中，梧桐树甚至可存活4000年以上。在匈牙利发现的梧桐树化石可以追溯到第三纪[1]（距今6500万年至距今260万年）。

在英国多塞特郡，有一棵绰号为"伦敦飞机"的梧桐树，1749年为纪念查理一世国王逝世100周年而种植，被记录于《吉尼斯世界纪录大全》一书。

梧桐树在自然生长的过程中树皮会脱落，同时生成新的树皮，树干也会变得粗壮。因此，在古希腊神话中，梧桐被视为再生之树。在古希腊，运动员在由梧桐树遮蔽的广场上锻炼。在欧洲，医学标志是蛇盘绕着一根手杖，世界卫生组织

树之千面

他有一根由蛇缠绕的手杖,这根手杖就是由梧桐木制作而成的。

在许多文明中,自古以来梧桐树就被尊为非凡的生命之树。古希腊人和克里特人把它与大地女神盖亚联系在一起,迦太基人则把它与生育女神塔尼特联系在一起。

印度锡克教传说,巴巴·什礼·昌德(Baba Sri Chand)在地上插入一根火把,而这根火把长出了一棵梧桐树。如果一根火把可以生长出一棵树,那么一个普通人就一定可以焕发神性。

树之千面

苹果树（MALUS）

在许多文明中，苹果树被奉为神树，是人类食物的"神奇来源"。

自古以来，苹果树就被认为集合了人与自然的所有价值与品质——智慧、知识、不朽、魔力、启示、科学、生育、美、爱、完美以及极乐之土。

在希腊神话中，果树女神波莫娜通常被描绘为左手握着几个苹果。

古希腊神话中最伟大的英雄赫拉克勒斯完成的12项"不可能完成"的任务之一，是前往夜神女儿赫斯珀里得斯看守的金苹果圣园中摘取金苹果。据《圣经》记载，亚当和夏娃从善恶之树上摘下的正是苹果。在德鲁伊教中，苹果树是7棵圣树之一，而人类的知识大多源自这棵苹果树。

在亚瑟王传说中，独角兽在苹果树下避难，而魔法师梅林则在一棵苹果树下布道。阿瓦隆岛（Avalon）是亚瑟王传说中的重要岛屿，极乐世界的别称，而阿瓦隆的字面意思就是"苹果岛（Isle of Apples）"。苹果树也成为极乐净土之树，亚瑟王、梅林、摩根和梅露辛（Mélusine）都在此安息。

苹果具有保健功效，食用苹果可预防疾病。英国有一句古老的谚语："一天一苹果，医生远离我。"

苹果可用于治疗贫血、糖尿病、心肌梗死、胆固醇、高血压、乏力、肝痛和胃痛，还可以缓解关节痛、失眠和过度疲劳。

苹果还常用于美容、皮肤和面部护理等化妆品的开发生产。

人们栽种苹果树或是为了获取果实或授粉，苹果树也是常见的园林观赏树木。

> 自古以来，苹果树就被认为集合了人与自然的所有价值与品质。

李树（PRUNUS DOMESTICA L.）

罗马帝国的铁骑踏遍了整个欧洲，同时也将李树带到了阿尔卑斯山以北的地区，从此李树在欧洲开始广泛种植。

古罗马作家老普林尼曾写道，叙利亚是大马士革李、黄香李和意大利李的原产地，之后这几种李树被引入罗马种植。

无论是何种李子，从黄香李到"阿让"李子干，既能表现雄性的阳刚之气，也能展示雌性的阴柔之美。

李子作为一种常见的餐桌水果，可制作果酱、糕点、干果，也可用来酿制利口酒，如黄香李酒、洋李酒等。

冷杉（ABIES）

> 冷杉的树形高大挺拔，表现了向天而立的勇敢和豪气以及不屈不挠的意志，似一道希望之光将精神与理想升华至上天。

冷杉属针叶树，原产于北半球温带地区，它的名字来源于高卢人或古凯尔特人。

自古以来，冷杉象征着天地之间的连接，象征着高尚与卑贱之间的流动，它还揭示了物质与精神的基本准则。

冷杉的树形高大挺拔，表现了向天而立的勇敢和豪气以及不屈不挠的意志，似一道希望之光将精神与理想升华至上天。

在古希腊，孕妇分娩之时，人们会在产房周围放置冷杉树枝，举行仪式，然后将这些冷杉树枝做成火把并点燃，燃烧至婴儿出生。传说此举可以获得照顾妇女分娩的女神阿耳忒弥斯的庇护。

高卢人视冷杉为神树，尊德鲁伊教派的保护者德鲁安提雅（Druntia）为冷杉女神。

在凯尔特人眼中，冷杉代表光明战胜黑暗、生命战胜死亡。

古人迷信冷杉可以阻止闪电下落和打破咒语。

在日耳曼地区，狂欢节期间，众人会用冷杉树枝抽打适龄妇女，认为这样可以增强她们的生育能力并且生下漂亮的孩子。

早在古代，人们就发现冷杉可促进呼吸以及血液循环。冷杉还被认为具有滋补、利尿的药性，并可促进伤口愈合。杉木树脂类药品常用于缓解哮喘、支气管炎和咳嗽。

柳树（SALIX）

在最古老的文明中，柳树都备受尊崇，甚至受人景仰。现在柳树是常见的园林景观树木。在古代，柳树的另一种含义是不祥之树，古人认为柳树象征不孕不育，因为柳树的果实通常在成熟之前就落果。古人甚至认为柳树会带来饥荒。

荷马在《奥德赛》中记载，人们将两根柳条做成的十字架投入圣泉中，以占卜某人是否走到生命的尽头：如果十字架漂浮，此人几个月后就会死亡；如果十字架沉没，此人的死期尚且未至。

尤利西斯在去见冥王哈得斯的路上，遇到了女巫喀耳刻，喀耳刻对他说："当你的船到达海洋的尽头时，你会发现一片平坦的海岸，岸上是冥界王后珀耳塞福涅的森林，那里有高大的黑杨和失去果实的柳树。将你的大船停泊在海洋漩涡之旁，你将进入哈得斯的潮湿地界。"

在斯巴达，"柳树阿耳忒弥斯"是狩猎女神阿耳忒弥斯的绰号。

在每年秋天举行的犹太教三大朝觐节之一的住棚节（Succot）期间，犹太人会用柳树条、番石榴木条、香橼条和枣椰树条架起一个小木屋，以此来纪念他们祖先礼拜的圣坛。

柳树具有多种药用价值，制造阿司匹林的水杨酸就提取自柳树。柳树的提取物还可用于治疗风湿病、烧烫伤、胃灼热、食物中毒、关节炎和神经失眠等。

在古代，柳树的另一种含义是不祥之树，古人认为柳树象征不孕不育，因为柳树的果实通常在成熟之前就落果。

树之千面

椴树（TILIA）

椴树是一种野生观赏树木，生长迅速，花朵馥郁芬芳。古希腊人、古埃及人、凯尔特人和日耳曼人都尊椴树为神树，并且视其为生育与母爱的象征。基督教也同样尊崇椴树，中世纪时，教堂附近通常种植有大片椴树。

在日耳曼地区，椴树也被称为"正义之树"，所有的争端和公共事务都是在椴树下裁决和处理。1792年，当时的法兰西第一共和国将椴树列为"法国大革命树"之一。

在法国农村，人们将椴树枝悬挂在马厩和房屋里，以驱邪避害。通常情况下，人们会随身携带装有椴树木屑的布袋，用来避免疾病或跌倒、摔伤等意外事故。

过去，在法国佛兰德地区，人们经常将少女的画像挂在椴树枝上，这样可以驱离女巫，据说女巫们喜欢在椴树下集会。

通常情况下，人们会随身携带装有椴树木屑的布袋，用来避免疾病或跌倒、摔伤等意外事故。

此外,传说中精灵也常常到访椴树,围着椴树跳舞,并且在地上留下"绿色的圆圈"。

椴树的药用价值丰富,长期以来被用于治疗皮肤病、传染病、瘫痪、头晕和水肿。椴树的花还可以制成汤剂,有柔肤之功效。

树之千面

珍稀树木，长寿树木。

非凡之树

在世界各地，有这样一些独特的树，它们或生长在广袤的森林中傲视群雄，或生长在人迹罕至之地绝世独立。它们寿命极长，陪伴了一代又一代人繁衍生息，它们是人类的保护者、是历史的见证人，它们是世纪之树。

无论是在欧洲和非洲，还是在拉丁美洲和亚洲，我们都能见到它们的身影。岁月塑造了它们的躯干，它们的枝节历经长年的风雨侵袭依然摇曳。它们或枝繁叶茂，或枝叶稀疏；它们的树高或可攀天，或仅与人齐。但不论它们是何树种、是何体积、有无果实，它们无可争议地都是树之家族中拥有最强大能量的树。

阿鲁维尔的橡树（CHÊNE D'ALLOUVILLE）

它是最古老的橡树之一。

1932年，法国的阿鲁维尔橡树被列为历史遗迹，它是最古老的橡树之一，树龄已经有1200多岁。17世纪，教会在其巨大的树干上建造了两个小的天主教堂。

1912年，阿鲁维尔橡树被闪电击中，但仍然屹立不倒，堪称活的法国历史见证者。

巴林王国的生命之树（SHAJARAT AL-HAYAH）

有一棵古树，它枝繁叶茂，挺立在旷野荒沙之上400余年。

在波斯湾巴林王国海拔最高的杰贝尔杜汉地区（Jabal ad Dukhan）有一棵古树，它枝繁叶茂，挺立在旷野荒沙之上400余年。现在此树是整个巴林最受欢迎的旅游景点之一。

为何"生命之树"能在如此干燥和恶劣的气候条件下保持生机盎然？一种带有神话色彩的解释是：该树所在地为伊甸园[1]。

"少校"橡树（MAJOR OAK）

这是一棵重达23吨的千年橡树，现在靠脚手架支撑着巨大的树枝。民间传说这棵树曾是侠盗罗宾汉及其同伙的藏身之地。

英格兰的诺丁汉郡，舍伍德森林不仅因曾经窝藏绿林好汉而闻名，还因为这里有一棵名为"少校"的巨大橡树。

这是一棵重达23吨的千年橡树，现在靠脚手架支撑着巨大的树枝。民间传说这棵树曾是侠盗罗宾汉及其同伙的藏身之地。这棵橡树极其雄伟，树干最粗处的周长超过10米。经科学发现，它其实是由多棵橡树融合生成。

---

[1] 该树为非洲常见的牧豆树，存活时间长的原因可能是距该树3000米远有地下水流，另外牧豆树羽毛状的叶子利于留住水分。——编者注

特内雷之树（L'ARBRE DU TÉNÉRÉ）

它位于非洲尼日尔境内特内雷沙漠的腹地，方圆400公里以内仅有此树。

"特内雷之树"，一种传说中的金合欢树，它的光环和美名已经跨越了时间和沙漠地区，长期以来一直吸引着接近它的人。

它位于非洲尼日尔境内特内雷沙漠的腹地，方圆400公里以内仅有此树，它是这片完全荒芜的土地上最后的树类幸存者。

科学家们试图找出它在如此干旱的沙漠中生存下来的秘密。1938年通过钻探，人们发现它的根系异常发达，竟然能伸展至沙漠地表30多米以下。

"特内雷之树"在历史发展中成为图瓦雷克（Touareg）游牧民族的图腾，象征着生命与永恒。它也曾作为地标，指引来往沙漠的骆驼商队。

令人遗憾的是，1973年"特内雷之树"被一个喝醉的卡车司机撞得连根拔起，现被保存在尼日尔国家博物馆。尼日尔政府在原地为其竖立起了一座全属

树之千面

图莱树（L'ARBRE DE TULE）

　　墨西哥瓦哈卡州的圣玛利亚·德尔图莱教堂旁边有一棵被称作"图莱"的树，树龄超2000年。这棵蒙特苏马时期的柏树以其雄伟壮观的树身闻名于世。虽然它目前仅高42米，但是其树干周长却达到了惊人的58米，是迄今为止地球上已知的最厚实的树，堪称一座活的植物丰碑。

　　传说此树在西班牙殖民者入侵美洲前500多年由一位阿兹特克牧师种植。作为一棵圣树，图莱树受到全墨西哥人民的顶礼膜拜。有人声称在树干的褶皱和突起处可以分辨出动物的形状。2001年，墨西哥将其列入申请世界遗产名录的候选单。

虽然它目前仅高42米，但其树干周长却达到了惊人的58米，是迄今为止地球上已知的最厚实的树。

谢尔曼将军树（LE GÉNÉRAL SHERMAN）

这棵巨型红杉树，树高83.8米，树龄超过2000年。

位于美国加利福尼亚州的红杉国家公园内的谢尔曼将军树是一棵巨型红杉树，树高83.8米，相当于27层楼高，树龄超过2000年。谢尔曼将军树的树干重达1385吨，体积为1487立方米，是地球上现存最大的单体树木，现在每年仍能生产相当于18米长的木材。

阿巴尔库柏树（LE CYPRÈS D'ABARQU）

千年圣树。

在伊朗的亚兹德省阿巴尔库大清真寺的围墙内，有一棵千年圣树。

传说中，这棵阿巴尔库柏树由先知琐罗亚斯德（Zoroastre）在4000多年前种植。树高25米，树围达11米，树形高大挺拔，被伊朗人民尊为圣树。

玛土撒拉树（MATHUSALEM）

世界上最古老的树生长在何处？科学家们一致认为，地球上最古老的树的标本，是加利福尼亚白山上一棵名为"玛土撒拉"（Methuselah，《圣经》中的人物，形容非常高寿的人。）的狐尾松树。人们认为它是最古老的非克隆生物（诞生自单一来源），科学测定它已经4852岁（至2021年）了，这意味着它是在埃及金字塔建造时种植的[1]。

---

[1] 2012年，科学家在同一地区发现的一棵5067岁的树取代玛土撒拉树，成为地球上最古老的树（见12页）。据估计，这棵树大约在公元前3051年萌芽，比吉萨金字塔的建造早500年。——编者注

"老吉克"（LE VIEUX TJIKKO）

它的树根可以追溯到9550年前，比苏美尔文明出现还要早2000年。

如果玛土撒拉是已知最古老的非克隆树，那么还有另一棵更古老的树，它是已知最古老的单茎无性系树。它的树干和树枝的出现时间仅有几个世纪，但是它的树根可以追溯到9550年前，比苏美尔文明出现还要早2000年。

2004年，人们在瑞典的达拉纳省的一座山上发现了这棵云杉树，并给它取名为"老吉克"（英语：Old Tjikko），当地的环境与气候条件极为恶劣。科学家们认为，当前全球变暖可能是导致这棵万年古树比过去生长得更为迅猛的原因之一。

潘多树（LE PANDO）

经过科学考察，这些树的树龄均为125岁左右，但研究发现整个树群已经延续了将近8万年，这可能是地球上已知现存最古老的生物。

所谓非凡之树，通常指的是那些独一无二甚至孤立离群的树，这样的树往往生长在一个有利于它们独自生长的环境中，且树龄很长。但也有一些非凡之树本身就是一个"生物集合体"，同样受众人崇拜。

潘多树群是古老树群中的一个典型代表，无论是在种群数量，还是在覆盖面积上，潘多树群都令人叹为观止，每年吸引大量游客前往参观。该树群位于北美西部的犹他州，由4.7万棵基因完全相同的杨树组成，占地43公顷，所有的树都由同一个根系连接，总重量预计超过6千吨。

经过科学考察，这些树的树龄均为125岁左右，但研究发现整个树群已经延续了将近8万年，这可能是地球上已知现存最古老的生物。

树之千面

你若站在树荫中,那就和树打声招呼吧,树值得你的问候。

德国谚语

被砍下来的树还有希望,它可能恢复生机,长出幼芽嫩枝。虽然它的根在泥土里衰老了,它的残干也腐烂了,可是只要有水,它又可以像新种的树一样发芽长枝。

> 一起来植树，未来之根将深入大地，希望之冠将升向天空。
>
> 旺加里·穆塔·马塔伊，肯尼亚生物学家、生态学家

> 大度之树带着它的王冠升入天堂。无论谁，若想品尝这棵树的美味果实，决不能因为贪婪将树连根砍断。
>
> 波斯谚语

树之传说

树之千面

在世界各地的村庄与城市里，与树有关的民间传说与当地的树一样多。森林是如此迷人又神秘，它物产丰富、荫佑万物，它是土匪的巢穴、巫师的藏身处、入教者的通道，也是神之庙宇、精灵之地界。

树干中好像嵌着一张张人脸。树枝看起来像一只只伸展的手臂，当你走近时，试图抓住你。尽管没有一丝风，树叶和花朵却似乎在晴空中列队飞行。

在森林中，我们会遇到异界之物，遇到游荡的灵魂，遇到吓人的动物，也会遇到要给普罗大众传递教义的圣灵。

在这里，茁壮成长的小树爆发出巨大的能量，百年老树积累着知识和智慧，鸟儿在树冠间翱翔。阴暗的灌木丛似迷宫一般复杂，沐浴在阳光下的林间空地寂静无声，却散发着魔力。蕨类植物时不时地抖动，那是小动物正从它们底下钻过。

树的故事与传说用神话的手法描绘了人在树之宇宙中的冒险经历，并且代代相传，承载了时代的记忆。

从远古起，森林变成了一个神话之地。萨满和仙女们在那里生活，树与有慧根之人交谈。盘根错节的树根庇护着通往宝藏的地下通道，林间小路通向永生之地。

树是天地之间的"摆渡人"，树与树之间通过互相缠绕的树根进行交流，在地球的深处用其生命的能量和气息滋养着地球。

在地球的每一块大陆上，无论是在哪一个种族、部落或群体中，总是有形形色色的男人和女人，扮演着森林故事讲述者的角色，揭示了树的神奇千面。在这些故事中，森林是族群生活的中心，是所有日常活动的精神力量。人类和动物以树为食物、以树为药，树成为神一般的角色。

岁月变迁、沧海桑田，人类的习俗风尚已同古代大相径庭。但在关于树的传奇故事中，树的形象亘古不变。对于那些会听树、会看树的人来说，树永远是人类的守护神，它的光环覆盖之处皆是它的庇佑之地。

每个人心中都有一个关于树的故事来纪念树的伟大与不朽，接下来你将读到两个关于树的故事：《死亡游戏》会让你若有所思，《神奇之树》会让你做一个和树有关的梦……

树之千面

"我的花园里有一棵很大的李子树。我希望任何一个爬上那棵李子树摘李子的人都能听候我的吩咐。"

死亡游戏

法国阿图瓦的一个村庄里住着一位善良的老妇人,她最大的快乐就是帮助不幸的人。每个来到她家门口的人都能带着几便士和一大块白面包离开,连邻近村庄的乞丐也特意赶来老妇人家乞讨。

一位圣人在阿图瓦附近传道,他多次在老妇人家吃饭。一天,他对老妇人说:"上帝赋予了我法力,我可以满足你的任何愿望。你仔细想想,告诉我你想要什么?"

老妇人想了很久,最后说道:"我的花园里有一棵很大的李子树。我希望任何一个爬上那棵李子树摘李子的人都能听候我的吩咐。"

"你的愿望很奇怪,夫人。但既然你有此愿望,我便答应你。"

圣人和老妇人道别后,返回了天堂。

10年后,死神经过老妇人的家。

"她快80岁了,活到头了,我今天要带她走!"死神心想,于是走进了老妇人的家中。

"嘿,你是死神吗?我已经等你很久了。我现在无牵无挂,可以离开这个世界了。哦,对了,离开之前,我想吃几个李子,仅此而已。"

死神跑去花园,爬上树摘李子。摘完李子,死神正准备下来。但等候在树下的老妇人说:"没有我的允许,死神不能下树。"

无论如何挣扎,死神都无法从树上下来。死神先是威胁老妇人,然后哀求,接着甚至呼喊咆哮,各种方法都试过了,还是无法从李子树上下来。

6个月过去,世间无一人死亡。那些患有严重伤病想要一死了之的人,没有等来他们盼望的死神。医生眼看病入膏肓者痛不欲生也束手无策,无法实施安乐死。

  有一位医生,他是死神的好朋友,想要帮助死神从树上下来,结果也被困在了李子树上。

  最后,人们从四面八方赶来,央求老妇人放过死神。老妇人同意了,但提出了一个条件:死神不能带她走,除非她连续3次呼唤死神。

  死神从树上下来,又开始像昔日一样带走要离开人间的人,有些人松了一口气,有些人惶惶不可终日。

  老妇人很快变得虚弱不堪、行将就木,终于有一天她连续3次呼唤死神的名字,拜托死神带她去天堂。由于她在人间的种种善行,天堂为她保留了一个位置。

无论如何挣扎，死神都无法从树上下来。死神先是威胁老妇人，然后哀求，接着甚至呼喊咆哮，各种方法都试过了，还是无法从李子树上下来。

树之千面

"这是什么树啊?"他问自己,
"爬到树顶是个啥样呢?
让我试试吧!"

奇迹之树

从前,有一个小男孩,家里很穷,每天得照看猪。每天早上他都会赶猪去附近的森林,让猪在森林里觅食。直到快到他18岁生日的一天早上,他和往常一样赶猪去森林,他来到一棵大树下,发现这棵树实在太高了,以至于树枝都被云遮住。"这是什么树啊?"他自言自语,"爬到树顶是个啥样呢?让我试试吧!"于是他开始攀树。他沿着树干往上爬,当中午旧教堂的钟声敲响时,他还在爬,太阳落山时,他还在爬,直到天黑才爬到第一根树枝。幸运的是,他已经爬到了树的分叉处,他决定用鞭子绑住自己,在此处临时过夜。

第二天早上醒来之后,他又继续攀爬。临近中午,他已经爬到相当高的地方,却依然没有见到树顶。夜晚慢慢降临,他还在往上爬。这棵树似乎高到没有尽头。他正准备再次用鞭子绑住自己过夜时,发现了掩映在树叶中的一个村庄。

"你从哪来?"村民们看到他非常惊讶。

"我从地面来。"男孩回答道。

"那你可爬了很久啊!"村民们说,"留下来吧,我们会给你找份工作的。"

"这里是树顶了吗?"

"哦,不,离树顶还有很长一段要爬。"

"我不能留下来。我现在想吃点东西,我又饿又累。我能在这里过夜吗?明天我要继续出发。"

村民们给了他食物和水,让他进屋美美地睡了一觉。第二天早上,他感谢了村民们的热情款待,然后沿着树干再次出发。

他爬呀爬,直到太阳高挂,他来到一座巨大的城堡,看到一位漂亮的年轻女孩站在城堡的一扇窗前。女孩也看到了他,她似乎很高兴,邀请他进入城堡。

"这里是树顶了吗?"男孩问道。

"哦,不,树顶还在更高的地方,但是你不能再往上爬了。"女孩恳求道,

"请留下来陪我。"

"你怎么一个人住在这里？"

"我是国王的女儿，但是巫师把我困在了这个城堡中，让我在这里自生自灭。"

女孩说着说着，抽泣起来。

男孩被公主的哭诉感动了。

"那我就留下来陪你一段时间吧，说不定我能帮你。"

男孩走进了城堡。女孩美丽端庄，男孩也十分心动，愿意陪伴她。一天、两天、三天、一周过去了，时间就这样不知不觉地流逝。城堡里应有尽有，凡是他想要的，甚至不用开口就能得到满足。但是他从未见过公主曾提过的巫师。他和公主就这样幸福地生活在城堡里。如果公主没有阻止他进入城堡里中最北面的一个房间，一切都很完美。

"如果你进入这个房间，"她告诉他，"一定会发生不开心的事情。"

男孩一直都没有打开这个房间的门，但他始终想要进去看看究竟。

"房间里到底有什么东西会让我们不开心呢？"男孩左思右想。

这一天，公主在房间里忙着刺绣，他偷偷地拿了挂在公主房间里的钥匙串溜去了那间房。他挨个试钥匙，试了好一会儿才找对了开门的钥匙，终于，他打开了那扇沉重的房门。

进入房间，他看到墙上有一只用3颗金钉钉住的黑色乌鸦，一颗金钉钉住了乌鸦的脖子，另两颗则钉住了乌鸦的一对翅膀。

"啊！你终于来了！太好了。我快要渴死了！快把桌上水壶里的水给我！"

男孩犹豫了一下，但是他很快心软了。他认为在这种情况下，应该让乌鸦喝水。

他往乌鸦嘴里倒了一滴水，水刚碰到乌鸦的舌头，钉住它脖子的那颗钉子滚到了地上。

"这里是树顶了吗?"男孩问道。

"哦,不,树顶还在更高的地方,但是你不能再往上爬了。"女孩恳求道,"请留下来陪我。"

"怎么啦？"男孩问道。

"没什么，"乌鸦回答道，"再给我一滴水，别让我渴死。"

"好吧，"男孩说道，他往乌鸦的舌头上又倒了第2滴水。

这一次，钉住乌鸦右边翅膀的钉子滚落到了地上。

"喝够了吧！"男孩说。

"我求你了，行行好，就一滴水，再给我一滴水，我就不再求你了。"

男孩给了乌鸦第3滴水，这时第3颗钉子也立刻掉了下来。乌鸦立马挣脱束缚，张开翅膀，呱呱叫着飞出了窗外。

男孩非常害怕，立刻跑出房间，锁上了那扇厚重的房门。

"希望公主不会发现我进了那间房屋。"他自言自语道。但不幸的是，公主已经知道了他偷偷地进了那间屋子。他走进公主的房间时，针扎破了公主的手

指,公主脸色苍白,浑身颤抖,神色不安。

"你进了那间不该进的屋子。"公主哭诉道,"巫师很快就会把我带走,你将再也见不到我。"男孩急忙安慰她,向她承诺无论她在世界的哪个角落,他都会设法找到她,但公主还是哭泣不止。

第2天,男孩醒来,发现公主已经不见了。他等了三天三夜,公主还是没有出现,他只好再次出发上路。他继续沿着树干往上爬,一直爬,一直爬,来到了一片森林。这片森林茂密而阴森,几乎没有光线可以穿透。他在森林里寻找公主,却始终没有发现她的踪迹。到了第3天,他终于在黑暗中看到一丝光亮。他追着光亮又走了3天,来到一片空地,发现空地上有一个小木屋。他走进木屋,发现公主躺在床上。

看到男孩,公主十分惊讶,问道:"你怎么找到我的?"

树之千面

"我不是答应过无论你在哪我都能找到你吗?别浪费时间,我们必须在巫师回来之前逃跑。"

他们穿过森林,不停地跑,公主筋疲力尽,要求歇一会儿。他们在一棵大橡树下紧挨着坐了下来,公主把头依靠在男孩的腿上睡着了。他静静地看着熟睡的

他继续沿着树干往上爬,一直爬,一直爬,来到了一片森林。这片森林茂密而阴森,几乎没有光线可以穿透。

公主,庆幸找回了自己心爱的人。这时他注意到公主的脖子上戴着一个小布袋,他打开袋子,发现里面有一块漂亮的小石头。他仔细打量着这块小石头,石头在阳光的照射下光彩四射,璀璨夺目。他觉得十分惊奇,把石头放在草地上。

突然,一只乌鸦从天而降,抓住石头迅速飞走了。

"这肯定是巫师派来的乌鸦。"男孩惊叹道。

他决心找回石头。他捡起地上的石头子朝乌鸦扔去,但没有击中。乌鸦从一根树枝飞到另一根树枝,男孩追着乌鸦在森林中奔跑。乌鸦最终消失在森林深处。此时男孩想回到公主身边,但他在森林中迷路了,找不到回去的路。

他走了很长时间,遇到了一个非常英俊、衣着华丽的男人。他问这个男人是否见到过一棵很大的橡树。

"你说的橡树在森林里有很多。跟我来吧,你好好想想怎么才能找到你的公主。"

男孩跟着那个人,一边走,一边后悔不该冒冒失失地离开公主,他也无心留意脚下的路。

他们很快就来到了一座漂亮的白色房子,只见房子里有11个男孩正围坐在一张桌子旁,桌子上摆满了各种食物。

这时男人说:"你们都吃饱了,我现在是你们的主人,你们将永远和我待在

一起，想要啥就有啥。但是到年底的时候，你们必须解开3个谜语。谁解不开，谁就得死，而解开的人，将获得一大笔金钱。"那11个男孩听了这番话欢欣鼓舞，但男孩却沉默不语，心想："我不怕死，没有公主我生不如死。谁知道我能不能解开谜语，能不能找到我的公主……"

在白房子里的生活渐渐步入正轨，那11个男孩生活得很开心，而我们故事的主人公却终日郁郁寡欢，思念公主。

公主醒来时，发现男孩不在身边，她猜到这一定又是巫师玩的鬼把戏。于是她勇敢地上路，走了几天后，她来到一个小村庄，在那里盖了一间小旅馆。她在屋上挂了一个十分显眼的标牌，上面写着"免费接待生病、悲伤和需要帮助的人"，她相信她的爱人有一天会因为生病或者悲伤再次回到她身边。

这一年过得很快，那11个男孩都没心思考虑3个谜语，而男孩却越来越多地思考3个谜语的问题。

这一天晚上，他感到焦虑和痛苦，于是走进森林，躺在一棵树下。此时，他听到一群鸟儿正在树上交谈。他认出了白房子的主人也就是那个男人的声音，他也听到了他曾经喂水的那只乌鸦的声音。从他们的对话来看，男人似乎也是乌鸦的主人。他一动也不敢动，竖起耳朵听着。

"明天，"男人说，"我们将杀死那12个男孩，包括想带走我的公主的那个。公主将孤独地活着，悲伤地死去，但她将永远属于我。"

"你怎么能这么肯定？"乌鸦说道。

"明天，他们要解开3个谜语，而他们不可能知道谜语的答案。"

"哇哇，哇哇，哇哇！3个谜语是什么？"乌鸦叫了起来。

"3个谜语分别是：房子是用什么建造的？食物从哪里来？为什么房子里从来没有黑暗？"

"哇哇，哇哇，哇哇！那答案呢？"

乌鸦问道。

"房子是用罪人的骨头建造的，食物来自魔鬼的厨房，房子里的光来自我从男孩那里偷来的挂在房里的石头。"

"哇哇，哇哇，哇哇！"叫了几声之后，鸟儿们都飞走了。

一年来男孩第一次度过了一个美好的夜晚。第2天，男人命令12个男孩排队依次回答谜语。男孩把自己排在最后一位。

"今天是猜谜的日子，你们一个接一个地回答我，这座房子是用什么建造的？"男人问道。

第1个说"黏土"，第2个说"木头"，第3个说"石头"，第4个说"砖块"，第5个说"泥巴"，第6个说"胶泥"，第7个说"稻草"，第8个说"玻璃"，第9个说"铁"，第10个说"石头"，第11个说"纸板"，最后的男孩说"罪人的骨头"。

"你猜对了，让我们进入第2个谜语。"

"你们吃的食物来自哪里？"

第1个说"厨房"，第2个说"森林"，第3个说"小饭馆"，第4个说"邻居"，第5个说"动物"，第6个"花园"，第7个说"集市"，第8个说"树木"，第9个说"树根"，第10个说"大海"，第11个"天空"，最后的男孩说"魔鬼的厨房"。

"你猜对了，让我们进入第3个谜语。"

"房子里如此明亮的光从哪里来？"

第1个说"灯"，第2个说"太阳"，第3个说"月亮"，第4个说"星星"，第5个说"火"，第6个说"大地"，第7个说"炉子"，第8个说"蜡烛"，第9个说"闪电"，第10个说"大海"，第11个说"天空"，最后的男孩说"你从我这偷来的挂在房子大厅天花板上的石头"。

"你猜对了。这是一个钱包，里面的金子取之不尽，拿去吧！"说完，男人砍下了另外11个男孩的头。男孩顺势冲进大厅，取回了公主的石头。他又出发了，继续往高处爬，但他觉得他可能再也见不到公主。他不停地爬，钱包的金子取之不尽、用之不竭，所以他一路都有吃有喝，有旅店歇脚。

终于有一天，他来到了公主建造的小旅馆，此时他已经疲惫不堪、悲伤不已。他突然看到了标牌，欣喜若狂，连忙走进旅馆，接待他的正是公主，然而他们却没有认出对方，因为岁月已经改变了他们俩的容颜。旅馆中的女仆把他带到房间，准备点灯。

"不用点灯了。"他说着，从口袋里掏出一块明亮的石头，整个房间顿时亮堂起来。

女仆冲到公主的房间，告诉她这件奇事。公主听了，也觉得十分惊讶，于是来到男孩的房间，问他这块石头是从哪里来的。男孩从来没有听人问过他石头的问题，他仔细打量着公主，公主也凝视着他，他们终于在石头的光芒下认出了彼此。

在公主的悉心照料下，男孩恢复了身体，他们都渴望回家，于是开始了漫长的落地之旅。当他们到达地面时，他们发现原来的景象都不见了。田野消失了，取而代之的是拔地而起的摩天大楼和纵横交错的高速公路。没人认得他们，他们的父母也已去世多年，他们才意识到自己也老了。他们死后化为灰烬，没人知道他们是谁、来自哪里。在他们的骨灰旁，有一块闪闪发光的石头，一个孩子拿走了石头。从此以后，再也没有人听说过这块石头。

知识之树所在之处即天堂。

弗里德里希·威廉·尼采,德国哲学家

大地的裂缝中长出了一棵火树,燃烧的树干和树枝发出耀眼的光芒。一声惊雷,火树炸开了大地与天空,一片火海。

亨利·博斯科,法国小说家

沉默之树结出和平之果。

阿拉伯谚语

坐在树下,你会看到宇宙从你身边经过。

非洲谚语

老树被鸟儿托付给它的秘密压弯了树干。

西尔万·泰松,法国作家

尾 声

我们在家中、在花园里、在野外，随处都能见到赏心悦目的花花草草。无论在哪，自然界中的植物都以最简单的方式生长。自然界有各种各样的树，它们形态各异，或绝世孤立，或谨小慎微，展现出不同寻常的繁茂，陪伴在我们周围。

自人类文明诞生以来，树就成为人类生活的一部分。树为人类提供了食物与木材，为人类遮风挡雨。人类迷恋森林的浩瀚无边，感动于枝叶每一次或轻微或剧烈的颤动，敬畏它们历经时间考验后坚韧不拔的性格，感叹它们面对风雨的沉稳大气。

树展现了生命的奇迹，是人类生活的一部分。它们神秘莫测、高大挺拔、迎天而立。生命的源泉在树的汁液中流动，在树的叶子、花朵和果实中流动，永不停息。从古至今，树让人类认识到生命的真谛，懂得忍耐与坚持，使人类能够从容面对进化中遇到的种种危险。

但是树的魅力不仅仅在于它们无处不在的分布。人类对树的迷恋还来自那些流动的、几乎觉察不到的"生命"，这些生命在森林里、在山边、在海边、在大漠里与树紧密相连。

这些"生命"是精灵，是另一种维度的生命实体，是人类的精神向导。它们以多种形式出现在德鲁伊教和萨满教中，出现在巫师、教化者和召唤宇宙中最微妙的能量的人身上。

我们今天感受到的树的魅力早已渗透进各个时代的传说与故事中，这种魅力跨越了语言、空间、文化与文明。我们双眼所见、双手所触碰的每一棵树，都是远古时代及所有远古植物始祖记忆财富的传承者。今天世界各地不乏树龄达几百年甚至上千年的古树，它们释放氧气、提供能量，为人类的繁衍生息默默奉献。毋庸置疑，在地球上，人人皆对树心怀敬意，皆承认树是人类的亲密伙伴。

目前，世界上总共有60065种树木，分布于各个大陆，仅巴西就有8175种，哥伦比亚有5776种，印度尼西亚有5142种，北美有1400种。

由全世界600多个植物园共同组成的国际植物园保护联盟（Botanic Gardens Conservation International，BGCI）于2017年发布了一项研究成果，根据世界各国500多名植物学家的统计，迄今为止在评估的2万个树种中，有9600种树木濒临灭绝，300种处于极度危急的状况；而另外4万种尚未被评估的树种中，据估计约1/5即8000种也有可能濒临灭绝。因此，对于濒危树种的保护性种植迫在眉睫。实际上，几个世纪以来，已经有成千上万的研究人员致力于树种保护工作，尽最大可能地避免过度开发与采伐对森林生态造成的毁灭性破坏。

现代社会，人类距森林与树木越来越远。但对人类而言，与这些自然界的生命保持紧密活跃的联系至关重要，人类社会的平衡不能缺少它们的参与。科学家们一致认为，森林与树木消失之时，即人类灭亡之时。

因此，我们有责任继续巩固这种亲密的关系，以最谦卑的方式尊重树的存在，尊重树传递给我们的能量，将我们与树联系在一起、与树的宇宙联系在一起，树的宇宙充满了不可思议的魔力，这种魔力看不见也摸不着，但人类一直受益于这种魔力。

附 录

参考文献：

ARVAY Clemens G., *L'effet guérisseur de l'arbre*, Courrier du Livre, 2016.
BOUCHARDON Patrice, *Accueillir l'énergie des arbres guérisseurs* (livre + CD), Rustica, 2016.
BOYER Marie-France, *Le langage des arbres*, Thames & Hudson, 1996.
BROCHARD Daniel, *Le traité Rustica des arbres fruitiers*, Rustica, 2016.
BROSSE Jacques, *Mythologie des arbres*, Payot, 1993.
CARNOY, E. Henri, *La Mort jouée*, in Contes Français, 1885
DRÉNOU Christophe, *Les racines, face cachée des arbres*, Institut pour le Développement Forestier, 2006.
HALLÉ Francis, *Plaidoyer pour l'arbre*, Actes Sud, 2005.
HALLÉ Francis, *La vie des arbres*, Bayard Culture, 2011.
KLIMO, Michel, *L'Arbre merveilleux*, in Contes et Légendes de Hongrie, Maisonneuve, 1898
KOOISTRA Maja, *Communiquer avec les arbres*, Courrier du Livre, 2014.
MAATHAI Wangari, *Celle qui plante les arbres*, J'ai Lu, 2011.
MERCIER Mario, *L'enseignement de l'arbre maître*, Du Relie Éditions, 2009.
MORE David, *Guide Delachaux des arbres d'Europe*, Delachaux et Niestlé, 2014.
POLLET Cédric, *Ecorces – Voyage dans l'intimité des arbres du monde*, Eugen Ulmer Éditions, 2008.
REILLE Maurice, *Dictionnaire visuel des arbres et arbustes communs*, Eugen Ulmer Éditions, 2015.
STRUTHERS Jane, *L'oracle des arbres*, La Maisnie-Trédaniel, 2012.
VERTREES J. D., *Guide des érables du Japon*, Eugen Ulmer Éditions, 2009.
WOHLLEBEN Peter, *La vie secrète des arbres*, Les Arènes, 2017.
ZÜRCHER Ernst, *Les arbres, entre visible et invisible*, Actes Sud, 2016.

延伸阅读：

DRIJVEROVA Martina et Denise WAJNEROVA, *Contes de la forêt*, Éditions Gründ.
SAMAT Toussaint, *Contes et légendes des arbres et de la forêt de Maguelonne*, Nathan.
HELFT Claude et ELENE Dusdin, *Contes en forêt*, Actes Sud Junior, 2004.
HASLER E., A.GEORGES, K.BHEND, *Le conte de la forêt*, Ravensberger, 2001.
AYMANT MC. et V. TAPIA, *La nuit du Tatou* (*un conte amayra de la forêt péruvienne*), Éditions des 400 coups.

其他资料：

Mario Mercier, *L'enseignement de l'arbre maître*, p121.
Extrait des poèmes mythologiques de l'Edda.
Genèse II, 9-10.
www.sagesse-marseille.com/lhomme-sage/symbolisme/le-symbolisme-de-larbre.html
Liste de quelques arbres vénérables en France, dont certains sont des Arbres Maîtres :
https://krapooarboricole.wordpress.com/liste-des-arbres-venerables/

树木名称汉法拉对照表：

中文	Français	Latin
桉树	L'Eucalyptus	*Myrtaceae*
扁桃	L'Amandier	*Prunus dulcis*
柏树	Le Cyprès	*Cupressus*
梣树	Le Frêne	*Fraxinus*
椴树	Le Tilleul	*Tilia*
杜松	Le Genévrier	*Juniperus*
冬青	Le Houx	*Ilex aquifolium*
枫树	L'Érable	*Acer*
桦树	Le Bouleau	*Betula*
黄杨	Le Buis	*Buxus*
红豆杉	L'If	*Taxus Baccata*
胡桃树	Le Noyer	*Juglans*
金合欢树	L'Acacia	*Acacia farnesiana*
栗树	Le Châtaignier	*Castanea*
杏树	L'Abricotier	*Prunus armeniaca*
老鼠簕	L'Acanthe	*Acanthus*
李树	Le Prunier	*Prunus domestica L.*
冷杉	Le Sapin	*Abies*
柳树	Le Saule	*Salix*
欧洲桤木	L'Aulne	*Alnus glutinosa*
欧洲七叶树	Le Marronnier	*Aesculus hippocastanum*
苹果树	Le Pommier	*Malus*
山楂树	L'Aubépine	*Crataegus*
山毛榉	Le Hêtre	*Fagus Sylvatica*
松树	Le Pin	*Pinus*
无花果树	Le Figuier	*Ficus carica*
梧桐树	Le Platane	*Platanus*
雪松	Le Cèdre	*Cedrus*
橡树	Le Chêne	*Quercus*
樱树	Le Cerisier	*Prunus*
油橄榄树	L'Olivier	*Olea europaea*
云杉	L'Épicéa	*Picea abies*
银杏	Le Ginkgo Biloba	*Ginkgo biloba*
月桂	Le Laurier	*Laurus nobilis*
榆树	L'Orme	*Ulmus*
杨树	Le Peuplier	*Populus*
榛树	Le Noisetier	*Corylus*
棕榈	Le Palmier	*Arecaceae*
竹子	Le Bambou	*Bambuseae*

出版后记

鸟类与树木，是人类生活中最常接触的两种自然生灵。远在人类始祖出现之前，它们已在地球上繁衍生息。自人类文明诞生以来，鸟类与树木一直相伴人类左右，远古传说、古老壁画、宗教神话中处处皆有它们的身影。

本套书《鸟之千谜》与《树之千面》分别以鸟类和树木为写作对象，从人文角度回溯神话传说中有关二者的种种象征隐喻，追寻各地文明里关于它们的趣闻轶事，亦不乏文学作品中涉及鸟类与树木的优美篇章。此外，本套书各选取四十多种鸟儿与树木，一一详述其生物学特性，从科普角度带领读者走进自然生物的隐秘世界。

本套书将自然世界与人类文明史相结合，穿插丰富有趣的生物知识，用独特的剪影画展现自然生灵，呼吁我们听鸟、观树，亲近自然，深入思考人类与自然的关系。

原书的若干错误业已订正，如有错误之处，恳请读者指正。

后浪出版公司

2021 年 6 月

图字：13 - 2021 - 024 号

图书在版编目（CIP）数据

树之千面 /（法）贝尔纳·博杜安著；周彬译
. -- 福州：海峡书局，2021.7
书名原文：Les Mille visages de L'arbre
ISBN 978-7-5567-0829-1

Ⅰ.①树… Ⅱ.①贝… ②周… Ⅲ.①树木—普及读物 Ⅳ.① S718.4-49

中国版本图书馆 CIP 数据核字 (2021) 第 089998 号

Les mille visages de l'arbre
All images and paper cut-outs were made from Shutterstock illustrations.
©First published in French by Rustica, Paris, France—2017
Simplified Chinese translation rights arranged through Divas International

Simplified Chinese translation edition published by Ginkgo (Beijing) Book Co., Ltd.
本书中文简体版权归属于银杏树下（北京）图书有限责任公司。

树之千面
SHU ZHI QIAN MIAN

作　　者	[法]贝尔纳·博杜安	译　　者	周彬
出 版 人	林　彬	出版统筹	吴兴元
编辑统筹	郝明慧	责任编辑	廖飞琴　杨思敏
特约编辑	贾蓝钧	装帧制造	墨白空间·张静涵
营销推广	ONEBOOK		

出版发行	海峡书局	社　　址	福州市白马中路 15 号海峡出版发行集团 2 楼
邮　　编	350001		
印　　刷	北京盛通印刷股份有限公司	开　　本	889 mm × 1194 mm 1/16
印　　张	9	字　　数	120 千字
版　　次	2021 年 7 月第 1 版	印　　次	2021 年 7 月第 1 次印刷
书　　号	ISBN978-7-5567-0829-1	定　　价	99.80 元

书中如有印装质量问题，影响阅读，请直接向承印厂调换
版权所有，翻印必究